高等学校

食品感官分析

（第二版）

周家春　主　编

茅　俊　副主编

中国轻工业出版社

图书在版编目(CIP)数据

食品感官分析/周家春主编. —2版. —北京:中国轻工业出版社,2023.8

ISBN 978-7-5184-3550-0

Ⅰ.①食… Ⅱ.①周… Ⅲ.①食品感官评价 Ⅳ.①TS207.3

中国版本图书馆CIP数据核字(2021)第119334号

责任编辑:罗晓航

策划编辑:罗晓航　　　责任终审:白　洁　　　封面设计:锋尚设计
版式设计:砚祥志远　　　责任校对:朱燕春　　　责任监印:张　可

出版发行:中国轻工业出版社(北京东长安街6号,邮编:100740)

印　　刷:三河市万龙印装有限公司

经　　销:各地新华书店

版　　次:2023年8月第2版第2次印刷

开　　本:787×1092　1/16　印张:13.75

字　　数:350千字

书　　号:ISBN 978-7-5184-3550-0　定价:42.00元

邮购电话:010-65241695

发行电话:010-85119835　传真:85113293

网　　址:http://www.chlip.com.cn

Email:club@ chlip.com.cn

如发现图书残缺请与我社邮购联系调换

231146J1C202ZBW

第二版前言 | Preface

  《食品感官分析》第一版出版后，蒙广大读者的信任，已推广使用了九年左右。在此期间，食品感官分析的理论和应用又有了新的发展，在国外食品集团内已经推广。为使国内的食品感官分析理论及实践与国际接轨，本教材编写了第二版。

  与第一版内容相比，在第一章增加了"影响感官分析的因素"一节。第二章修改了感官分析方法的分类，增加了尚未引入国内的感官分析方法，如两两分组检验、R指数检验、R指数排序检验、分等检验、分组检验等，并做了整体修订。第三章作了适量修改，明确了《感官分析　建立感官分析实验室的一般导则》（GB/T 13868—2009/ISO 8589：2007）要求仅是必要条件而非充分条件。第四章增加了评价员筛选的实操内容，可以按照本教材的细则筛选合格的评价员。第五章总结了感官分析在研发生产销售过程中的应用，并增举了两个实例和最终报告。

  本教材中，绪论、第一章、第三章、第六章由周家春编写，第二章、第四章、第五章由茅俊编写，全书由周家春统稿。

  食品感官分析是一门实践经验要求很高的学科，本教材运用辩证唯物主义方法，扩充了最新的食品感官分析理论，具有完善的实践指导作用，在核心的评价员招募、考核，评价方法的分类和操作，感官分析的实际应用案例等方面与国际前沿接轨，技术的应用与国际食品集团的研究同步。本教材对食品感官分析需要的实验室建设，评价员招募、培训、考核、上岗，以及食品产品研究的实际开发应用都有很好的借鉴作用，适合作为食品类专业及相关专业教材或参考书。

  由于编者的水平和时间的关系，错误之处在所难免，敬请各位同行批评指正。

编　者

2021 年 3 月

第一版前言 | Preface

感官分析真正作为一个学科方向的历史并不长，由于其不可取代的复杂特性，这一领域的研究正在不断深入。近年来的发展和规范卓有成效，包括感官评定的分类方法等在国际上都已经有了和以往不同的模式。为了使我国的食品感官学科教学更加有效、应用性更好、更符合社会实践的需要，我们编撰了本教材。

本书的编者都有在食品感官分析方面长期的实际工作经验。其中，嘉吉投资（中国）有限公司的茅俊主管从事感官实验室工作十余年，负责市场调研和感官检验在食品工业中的应用，产品范围包括饮料、烘焙食品、乳制品、糖果和健康食品等，具有丰富的感官分析工作经验和顺畅的国际交流通道。陶雨亭经理曾担任卡夫食品感官评价小组负责人，后加入 BIOFORTIS ADRIANT（欧洲知名感官研究品牌），作为感官研究经理创建了中国第一家第三方感官实验室，现在 BIOFORTIS ADRIANT 巴黎总部工作，担任感官及消费者研究经理，负责感官及消费者国际研究项目。周家春教授在华东理工大学食品科学与工程系长期从事食品工程领域的教学和科研工作，先后编写出版了《食品工艺学》《食品感官分析基础》《食品工业高新技术》和《食品添加剂》等教材。

本教材系统介绍了食品感官分析的理论和实践途径，体现了当今国际感官测评的实际水平。全书分为六章，编写分工如下：绪论和第一章、第三章由周家春编写，第二章、第五章、第六章由茅俊编写，第四章由陶雨亭编写。嘉吉投资（中国）有限公司匡春野经理参与了本教材的结构编排，并参与了第二章和第四章的编写。全书由周家春统稿。

本教材可以作为食品科学与工程专业本科生的参考教材，也可作为食品新产品开发、生产、经营、感官分析等方面技术人员的参考书。

在本书编写过程中得到了华东理工大学郑国生副教授、周英副教授、王国英老师等的大力支持，谨在此表示衷心感谢。

由于编者的水平和时间的关系，错误之处在所难免，敬请读者批评指正。

编　者
2013 年 6 月

目录 │Contents│

绪　论

食品不仅具有一般商品的属性，而且具有国家战略属性。食品的质量与安全关系到国民的身体素质，关系到国家战略规划能否顺利实施。对食品质量与安全的评价有技术指标，也有感官指标。食品质量的好坏首先表现在感官性状的变化上，感官鉴别不仅能直接发现食品感官性状在宏观上出现的异常现象，而且当食品感官性状发生微观变化时也能很敏锐地察觉到。例如，食品中混有杂质、异物、发生霉变、沉淀等不良变化时，人们能够直观地鉴别出来并作出相应的决策和处理，不需要进行其他的检验分析。因此，感官质量是食品质量标准体系中的第一指标，通过感官指标不仅能够直接对食品的感官性状做出判断，而且还能够据此提出必要的理化和微生物检验项目，以便进一步证实感官鉴别的准确性。

一、 感官分析的定义

感官分析（sensory analysis）也称感官评价（sensory evaluation），是用感觉器官评价产品感官特性的科学。经过近一个世纪的发展，食品感官评价领域的研究已经趋于成熟，成为食品科学中的一门公认的学科。食品感官科学（food sensory science）是应用现代多学科理论与技术的交叉手段，系统研究人类感官与食物感官品质内涵之间的反射与印证规律的一门学科。食品感官科学具有理论性、实践性及技能性并重的特点，其核心的基础学科是食品感官分析。

目前被认可的食品感官分析（即食品感官评价）定义是由美国食品科学技术专家学会感官评价小组（Sensory Evaluation of the Institute of Food Technologists）于 1975 年提出的。一般译为：感官评价是一门人们用来唤起、测量、分析及解释通过视觉、嗅觉、味觉、触觉和听觉而感知到的食品及其他物质的特征或者性质的一种科学方法（Sensory evaluation is a scientific discipline used to evoke, measure, analyze and interpret reactions to those characteristics of foods and materials as they are perceived by the senses of sight, smell, taste, touch and hearing）。

对感官分析中四种活动的解释："唤起"是指应在一定的可控条件下制备和处理样品，使得偏见因素最小的原则。例如，感官评价员通常在单独的检验室评价产品，以便得出他们个人的判断，而不是群体的意见。"测量"表明感官分析是一门定量的科学，通过采集数据，在产品性质和人的感知之间建立起合理、特定的联系，即以评价员为"测量工具"对产品的相关特性进行测定。"分析"是对感官评价员评价结果的数据分析。通过人的感官而获得的数据经常有一定的波动，不同评价员之间也会有偏差。为了评价产品特性和感官反应间的联系，获得真实而非粗略的结果，需要运用数理统计方法来分析评价。组合应用恰当的统计方法非常必要，各种影响因素都应通过计算分析得到体现。"解释"是对分析结果的合理解释。感官分析专家所下的结论必须是基于数据、分析和实验结果而得到的合理判断。

对食品感官分析定义的翻译和解释应该还有商榷的空间，因为 evoke 的直译是唤起，但让人难以理解。赵镭等把唤起解释为"在可控条件下唤起评价员的某种注意力，集中精力关注样品的某种方面，从而得到噪声影响最小的感知"。这样的解释更加合理，但没有解决直译的问题。此外，evoke 有想起、回忆、激发的概念，而人在品尝某种食品时，必然会激活对与之相关的其他食品的风味、质构、好恶、品味等的记忆，甚至引起思维发散，如尝到果酸会联想到柠檬、葡萄等，尝到醋酸会联想到糖醋排骨等。关于在可控条件下制备和处理样品，如感官评价员在单独的检验室评价产品，是一种活动规范，而非活动本身。

笔者认为，符合国人语法结构的食品感官分析定义的意译为：食品感官分析是运用人们的视觉、嗅觉、味觉、触觉和听觉感知食品的特征，在良好的智能和体能状态下，通过测量、分析和解释，获得食品和其他物质真实性质的一种科学方法。

二、 感官分析的历史与发展

食品企业的生产规模仍趋于扩大，产品开发投入的成本越来越大，相应的失败带来的损失也越来越大，如何提高产品的成功率已成为各企业的重要课题。在市场研究过程中，一个很重要的内容就是产品的感官接受性，感官分析在新产品开发、产品工艺改进、品质保证、产品优化等环节中增强了对于决策的信息支持，降低了决策过程中的风险，所以很多大公司都设有专职感官分析人员或与专业机构签订专职服务合同。

虽然感官分析自有人类以来就一直存在，但都是最基本的简单的感官检验，依赖的是个人的经验积累与传承，没有上升到理论，食品感官分析技术是随食品工业发展的需要而诞生的。在 20 世纪 30 年代的美国，大部分的商品品质完全依赖少量具有多年经验的专家意见来判定，但是，以师傅教徒弟的方式培养专家的速度跟不上食品工厂与产量增加的速度，统计学的缺乏又使专家的意见逐步失去了代表性，而且专家们的经验不能真正反映消费者的意见，为此，1931 年 Platt 提出产品的研发不可忽视消费者的接受性，并且提出应该废除超权威的专家，使真正具有品评能力的人员的工作更具有科学性。在整个 20 世纪 30 年代，发展出了许多新的食品感官分析方法，并朝着科学化方向迈进，如评分法、标准样品的使用等。1932 年 Fair 提出了对饮用水味道及气味的感官评分方法，1936 年 Cover 发表了测量肉类嫩度的方法，同年 Maiden 发表了测量面包香味的方法，1939 年 Weaver 提出了测量牛乳香味的感官分析方法。从 20 世纪 40 年代末到 50 年代初，Bogges、Hansen、Giradot 和 Peryam 等建立并完善了"区别检验法"。1957 年 Arthur D. Little 公司创立了"风味剖析法"，推动了正式描述法的形成及专业感官评价员群体的形成。

感官分析技术的真正起步发展始于 20 世纪 60~70 年代，因食品加工工业的极大发展，学术界与企业界为应对食品研究与销售方面数据的需求，开始投入技术发展，因此在这期间各种评价方法、标记方法、评价观念、评价结果的展现方式等不断被提出、讨论与验证，并在此基础上开始出现专家型评价员。到了 20 世纪 80 年代，感官评价技术开始蓬勃发展，越来越多的企业成立感官分析部门，建立评价小组，各大学成立研究部门并纳入高等教育课程，感官分析成为食品科学领域五大学科领域之一（食品化学、食品工程、食品微生物学、食品加工、食品感官分析），美国标准检验方法（ASTM）也制定了感官分析实施标准。国际标准化组织从1997年至2003年共发布了20多个标准，对感官分析的具体方法、评价员的选择培训及资格认证以及感官分析实验室的软硬件条件等进行规范。进入21世纪以来，感官科学与感官评价技术不断融合其他领域的知识，如统计学家引入更新的统计方法及理念，心理学家开发出的心理行为观念，生理学家修正人类感官反应的方法等，通过逐步融合多学科知识，发展成为感官科学；在技术方面，通过不断同新科技结合，发展出了更准确、更快速或更方便的方法，如计算机自动化系统、气相层析嗅闻技术、时间-强度研究等。

我国创建了与现有国际标准有所不同的特色食品感官分析体系，形成了一套系统的感官分析技术和方法。众所周知，在烟、酒行业中，感官分析具有任何仪器分析都无法取代的重要作用。在参照或等同采用ISO标准的基础上，1998—2002年共发布了约20个关于感官分析的标准，内容涉及感官分析的具体方法、评价员的选择培训及资格认证、感官分析实验室的建立等。这些标准比较全面地从实验室、人员、方法、样品、数据分析等方面规范了感官分析，使感官分析方法更完善、更标准、更具科学性。

三、　感官分析的特点

食品的质量特性可以分为固有质量特性和感觉质量特性，对于食品的感觉质量特性只能用感官分析来检验与评价。食品感官检验不同于其他检验，有其自身的特点，可概括如下：

（1）简易、直接和迅捷性　感官检验比任何仪器分析都要快捷、迅速，且所需费用较低。人只要有正常的感官功能就能进行食品的感官检验，可以说感官分析能力是人类必备的正常的功能。感官检验一般不需要试剂和特殊工具，方法简单易行，以视觉为例，人一眼就可以看出食品是否腐烂、是否霉变、果汁是否混浊等。相比于感官检验，仪器分析则具有复杂性、间接性、滞后性的特点。当感官质量符合要求，而内在质量达不到标准规定，只要对人身健康无害，产品可降级或降价销售；相反，感官质量不符合要求，即使内在质量再好，消费者也难以接受。

（2）准确性　有些食品在轻微劣变时即便用精密仪器也难以检出，但通过人体的感觉器官却可以敏锐地判断出来，因为人的感官有极高的灵敏度，感官检测是各种理化和微生物手段所不能代替的。此外，有些感官差别用仪器很难测定，甚至无法测定，例如，食品质量划分等级有优级品、一级品、二级品、合格品，这些质量等级都是在理化和卫生指标合格的基础上通过感官检验而获得的。仪器分析主要是针对食品的物理、化学以及微生物学指标进行分析，例如，为了判断肉的新鲜度，要分析游离酸、硫化氢、pH、黏度、挥发性盐基氮等多项指标，而其测定结果的判断基准，是人们对新鲜度的感官判断，每一项指标临界值的得出，都需要符合感官的认可。另外，对于味觉食品，如酒类和茶叶等，其质量的优劣主要依据感官性状的差异。

（3）综合性　感官检验从生理角度而言，它是机体对食品所产生刺激的一种反应。就其过程来说是相当复杂的，首先是通过感官接受来自食品的刺激，同时混杂个人的嗜好与偏爱，进而在人体神经中枢综合处理来自各方的信息（这种信息还包括广告效应、价格高低、个体的经验与希望等），最后付之于行动的过程。感官检验的这一特性是其他检验无法做到的。

食品无不具有其自身的风味，风味本身就是食品在视觉、嗅觉、味觉和口感上的综合感觉，也只有人作为一个特殊的精密仪器才能全方位地评价。对食品而言，无论其营养价值、组成成分等如何，其可接受性最终往往是由感官检验结果决定的。人们常用理化检验来测定食品中各组分的含量，特别是与感觉有关的组分，如糖、氨基酸、卤素等，这只是对组分含量的测定，并未考虑组分之间的相互作用和对感觉器官的刺激情况，缺乏综合性判断。人的感官是十分有效而敏感的综合检测器，可以克服理化方法的一些不足，对食品的各项质量指标做出综合性的感觉评价，并能加以比较和准确表达。

四、 感官分析的作用

感官分析已经广泛地应用于社会实践，其作用可概括为以下几个方面：

（1）原材料及最终产品的质量控制　对供应单位成批产品进行验收和对出厂产品质量进行检验的过程，其目的是防止不符合质量要求的原材物料进入生产过程和商品流通领域，为稳定正常的生产秩序和保证成品质量提供必要的条件。

（2）工序检验　在本工序加工完毕时的检验，其目的是预防产生大批的不合格品，并防止不合格品流入下道工序。这种检验有利于及时发现生产过程中的产品质量问题，为进一步改进工艺，提高产品质量提供依据。

（3）贮藏检验　将食品按某种要求加工处理后，原封不动放置起来，然后在一定时间间隔内对其品质及色、香、味变化进行的检验，其目的是掌握和研究食品在贮藏过程中的变化情况和成熟规律，确定食品的保存期和保质期限。

（4）产品评比　在各种评优活动中，对企业参评产品质量进行感官评价和评分的过程，其目的是鼓励企业不断提高产品质量，努力生产优质名牌产品。

（5）市场商品检验　对流通领域内的商品按照产品质量标准进行抽样检验的过程。市场商品检验要求准确、快速、及时，以遏制伪劣商品流入市场，维护正常的经济秩序，保护消费者的利益。

（6）监督检验　国家指定的产品质量监督专门机构按照正式产品标准的规定，对企业生产的产品质量进行监督性检验。

（7）新产品的开发、食品风味影响因素的调研等。

第一章

CHAPTER

1

食品感官特性和人体感官

教学目标

　　了解食品感官特性的组成、人体感官的分类，理解人体感官组织对食品感官特性感受的对应关系。

第一节　食品的感官特性

　　从事食品研发的人员都知道美味是食品的第一要素，但"好吃"是对食品整体感觉的评价。当面对一块蛋糕和一堆蛋糕碎块时，尽管产品的配方和制作过程完全一致，但人们的感官感受一定不同。究竟哪些指标能较完整地体现食品的感官特性呢？本章将作一介绍。

一、　食品的外观

（一）　食品外观指标

　　食品的外观包括食品的颜色、大小和形状、表面质地、透明度和充气情况等。

　　根据《颜色术语》（GB/T 5698—2001）的定义，颜色是光作用于人眼引起除形象以外的视觉特性。颜色是最先影响消费者决定的因素之一。消费者在选择食品时首先注意的是食品的颜色。对已知的食品，消费者希望所看到的颜色能与已形成概念的色彩相吻合，并据此判断食品的新鲜度或质量等，因此，食品的颜色直接影响消费者的心理状态和购买欲望。

　　大小和形状是指食品的长度、宽度、厚度、颗粒大小、几何形状等。虽然没有一定的标准，但通过和生活中优质食品的固有概念比较，也会形成产品质量的初步判断。

　　表面质地是指食品表面的特性，如光泽或暗淡、粗糙或平滑、干燥或湿润、软或硬、酥脆或回韧等。

　　透明度是指透明液体或固体的透明度或混浊度，以及肉眼可见颗粒存在情况。传播光线多的液体透明度高，而液体中悬浮颗粒多，光线散射多，混浊度就高。

充气情况是指充气饮料、酒类倾倒时的产气情况，可以通过专门的仪器测量。

（二） 颜色的表述

1. 色彩的分类

色彩是由光的刺激而产生的一种视觉效果。物体的色彩来源于光源的色彩和不同质物体的选择吸收与反射的能力。所谓物体色是指物体本身不发光，是光源色经物体的吸收、反射，反映到视觉中的光色感觉；固有色是指物体在正常白色日光下呈现的色彩特征。

红、绿、蓝色光是光学三原色，此三种色中的任何一种都不能由其他色混合而成。理论上用这三种光以适当比例相混可以合成其他一切色光，如红色光与绿色光叠加就是黄色光，三色最大值的相加生成白色。色料的三原色和色光三原色不同，红色涂料与绿色涂料混合不会生成黄色涂料。色料三原色是品红、（柠檬）黄、青（湖蓝），三色混合生成黑色（图1-1）。

由两种原色光或原色料相混得到的色称为间色，如红+黄=橙，黄+蓝=绿，复色是间色和原色或三种以上色相配得到的色，如绿紫色等（图1-2）。

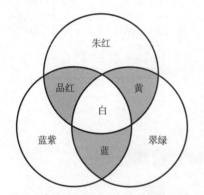 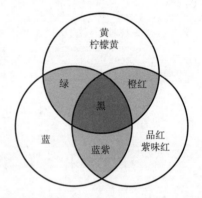

（1）色光三原色红R、绿G、蓝B叠加则显示白光　　　（2）色料三原色青C、品红M、黄Y混合则显示黑灰色

图1-1　色光和色料的三原色

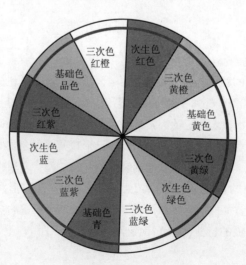

图1-2　间色与复色

当一对色光（色料）混合能够产生白色光（黑灰色）时，这两种色就称为互补色。不同的物质吸收不同波长的光，其颜色呈现未被吸收的互补色。不同波长光的颜色见表1-1。

表1-1　　　　　　　　　　　　　不同波长光的颜色

物质吸收的光		互补色
波长/nm	颜色	
400~450	紫	黄绿
450~480	蓝	黄
480~490	青	橙
490~500	青绿	红
500~560	绿	紫红
560~580	黄绿	紫
580~600	黄	蓝
600~650	橙	青
650~750	红	青绿

2. 色彩的三属性

（1）色相　色相是指色彩的相貌，是人们为了区别不同色彩种类给色彩所取的名称，指不同波长的光给人的不同的色彩感受。色相的范围相当广泛，牛顿光谱色中就有红、橙、黄、绿、青、蓝、紫7个基本色相，它们之间的差别就属于色相差别，是色彩最突出的特征。

（2）明度（光度）　明度是色彩的明暗程度，是任何色彩都具有的属性。明度可以不带任何色相的特征，而通过黑白灰（无彩色）的关系单独呈现，色相和纯度则必须依赖一定的明暗才能显现。白色、黄色明度高，紫色、黑色明度低。如果在黑白之间加上9个均匀过渡的灰色阶段，则基本上概括了有彩色与无彩色的明度变化，这一划分标度被称为明度尺（图1-3）。明度与亮度不同，亮度是可以用光度计测量的、与人的视觉无关的客观数值。物体颜色的明度与物体的反射率有关，当照度一致时，反射率的大小与明度的高低成正比。对彩色系列来说，掺入的白色光越多就越明亮，掺入的黑色光越多就越暗。

（3）纯度　纯度是指色彩的纯净程度，代表了某一色彩所含该种色素成分的多少，当某色彩所含该色素的成分为100%时就称为该色相的纯色。从物理上说纯度取决于一种颜色波长的单一程度，七色光谱中各单色光是最纯的颜色。

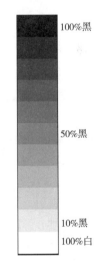

100%黑

50%黑

10%黑
100%白

图1-3　明度尺

纯度与饱和度的概念不同，饱和度是指色彩混合后产生混浊的现象，会降低色彩的感觉，造成色彩感觉程度上的鲜弱变化。因此，饱和度多指色料中如颜料等介质的纯度变化，而纯度是指某种色彩含有该色素成分的多少程度，它不受色料与色光介质的影响。

3. 有彩色、无彩色与特殊色

（1）有彩色　含有色彩的三种要素。

（2）无彩色　只有明度，没有色相和纯度，如黑色、白色、灰色。

（3）特殊色　金色、银色、荧光色。

4. 色立体

把色彩三要素做成立体坐标，把千百个色彩依明度、色相、纯度三种关系组织在一起，构成一个立体，就是色立体（图1-4）。世界上通用的色立体有3种，分别是孟塞尔色立体、奥斯瓦尔德色立体、日本色研色立体（PCCS）。3种色立体各有优缺点，其中孟塞尔色立体经过测色学的修正，是最科学的。

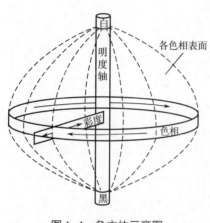

图1-4　色立体示意图

孟塞尔色立体是由美国教育家、色彩学家、美术家孟塞尔创立的色彩表示法。以色彩三要素为基础，色相（Hue）简写为H，明度（Value）简写为V，纯度（Chroma）简写为C。色相环是以红（R）、黄（Y）、绿（G）、蓝（B）、紫（P）心理五原色为基础，加上中间色相橙（YR）、黄绿（GY）、蓝绿（BG）、蓝紫（PB）、红紫（RP）成为十色相，按顺时针排序。每一色相各分十等份，以各色相中央第五号（5）为各色相代表。色相总数为100。

中央轴代表无彩色黑白系列中性色的明度等级，称为孟塞尔明度值。理想黑色定为0，位于中央轴底部，理想白色定为10，位于中央轴顶部，从0~10分为11个在视觉上等距离的等级。

立体中的水平距离表示纯度的变化，称为孟塞尔彩度。彩度也是分成许多视觉上相等的等级。中央轴上的中性色彩度为0，离中央轴越远，彩度数值越大，通常以两个彩度间隔为一个颜色等级。各种颜色的最大彩度是不相同的，个别颜色彩度可达到20（图1-5）。

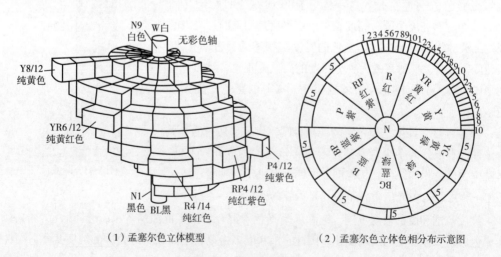

（1）孟塞尔色立体模型　　　　　　（2）孟塞尔色立体色相分布示意图

图1-5　孟塞尔色立体

举例来说，红色为5R4/14，第一个数字5表示在孟氏色相环10等份中排第五位，即前述的代表色，明度为4，彩度为14；黄色为5Y8/12，明度为8，彩度为12；绿色为5G5/8，明度为5，彩度为8；蓝色为5B4/8，明度为4，彩度为8；紫色为5P4/12，明度为4，彩度为12。

德国物理化学家奥斯特瓦尔德创立了以其本人名字命名的表色空间，与孟塞尔立体相似，中轴为明度轴，上白下黑，中间由灰色组成不同明度的排列。上表面是白色与各纯色各种配比的混合色排列，下表面是黑色与各纯色各种配比的混合色排列，立体内部各块是纯色与黑色、白色三种色以不同比例的混合色。其基本色相为黄、橙、红、紫、蓝、蓝绿、绿、黄绿8个，每个基本色相又分为三个部分，组成了24个分割的色相环（图1-6）。

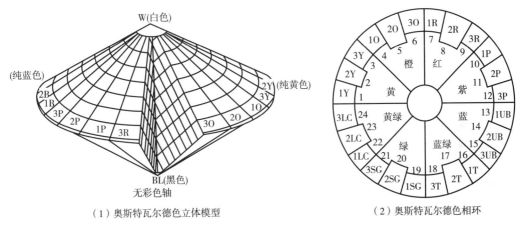

（1）奥斯特瓦尔德色立体模型　　　　　（2）奥斯特瓦尔德色相环

图1-6　奥斯特瓦尔德色立体

国际照明委员会（CIE）表色体系是1931年建立的一种色彩测量国际标准，此体系用3个参数，一个是亮度L，另两个是颜色分量，a代表从绿到红，b代表从蓝到黄。1931年，国际照明委员会（CIE）在剑桥举行的第八次会议上统一了"标准色度观察者光谱三刺激值"，确立了CIE 1931-XYZ国际通用色度系统（XYZ国际坐标制），从而制定了国际通用的色彩标准，得出了马蹄形的国际照明委员会（CIE）色度图（图1-7）。利用CIE色度图，我们可以测量任何颜色的波长和纯度，识别互补颜色，定义色彩域，显示叠加颜色的效果。

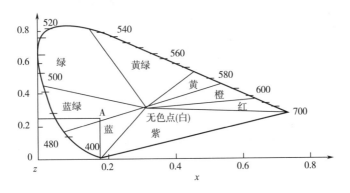

图1-7　1931年国际照明委员会（CIE）制定的 x、y 色度图

二、 食品的气味/香味

气味是一种分散于空气，能够被人类嗅觉系统感应的化学物，通常浓度非常低。气味可以使人感到愉悦或者难受，食品香气会增加人们的心理愉悦感，激发人们的食欲，所以香气是评价食品质量的一个重要指标。

食品香气中的香味物质含量极微，每千克食品含 1~1000mg，但是浓度高的香味物质不一定在食品香气中起主要作用，浓度低的物质也不一定香气很弱，这取决于它们的绝对嗅觉阈限的高低。绝对阈限越低，该物质引起嗅觉所需的浓度就越低。不同的香味物质的嗅觉阈限有很大的差异，由此引出了香气值的概念，只有当香气值大于或等于 1 时，人的嗅觉器官才能感受到物质的香气。

香气值=香味物质浓度/绝对阈限

食品香气的强度与食品的成熟度有关。香气值只能反映出食品中各呈香物质产生香气的强弱，而不能完全、真实地反映出食品香气的优劣程度，有时香气太强反而使人生厌。一般香气释放时间长的食品优于香气释放时间短的食品。

食品的香气是由多种呈香的挥发性物质所组成，绝大多数食品均含有多种不同的呈香物质，任何一种食品的香气都是多种呈香物质的综合反映。因此，食品的某种香气阈值会受到其他呈香物质的影响，当它们互相混合到适当的配比时便能发出诱人的香气，反之，则可能感觉不到香气甚至出现异味。也就是说，呈香物质之间的相互作用和相互影响，可使原有香气的强度发生改变。

此外，香气的挥发性受温度的影响，其蒸气压随温度变化呈指数增加；香气的挥发性还受食品表面形态的影响，柔软、多孔和湿润的表面会释放出更多的挥发性物质。

三、 食品的均匀性和质地

这是一类通过口腔感知的非味觉特性，包括黏稠性（同质的牛顿流体）、均匀性（非牛顿流体或非同质的液体和固体）、质地（固体或半固体）。

黏度是指液体在某种力作用下流动的速度。不同产品的黏度差异很大，取决于液体中干物质的含量、种类（如增稠剂）和配比。均匀性是指液体或半固体（如调味酱、糖浆等）的混合状态。质地一词的原意是指某种材料的结构性质，在食品感官分析领域表示为食品的组织状态、口感等。

反映质地的指标很多，举一部分例子说明如下：

（1）与压力有关，通过手、舌、唇上肌肉感知的指标

硬度：表示受力时对变形抵抗大小的性质。

弹性：撤除作用力后变形恢复的能力。

黏附性：从表面上移开所需要的力，常用来形容糯米年糕、汤圆那样的感觉。

柔韧性：使样品变形但不断裂的耐嚼能力，类似嚼口香糖。

柔嫩：表示对咀嚼的抵抗力较弱，多用于对肉类的形容。

酥松：表示一咬即碎的性质。

松脆：形容几乎没有初期变形而断裂、破碎的感觉。

（2）与食品组织有关的指标

光滑：表示感觉不出颗粒存在，均匀细腻的质感。

细腻：组织的构成粒子或纹理非常细小而均匀。

粗糙：表示组织颗粒较粗，有较大粒子存在。

砂质感：表示小而硬颗粒的存在感。

层片状的：容易剥落的层片状组织。

凝胶状的：表示具有一定弹性的固体，觉察不出其组织纹理结构。

泡沫状的：表示许多小的气泡分散于液体或固体之中。

海绵状的：表示有弹性的蜂窝状结构。

（3）与口感有关的指标

干的：口腔对游离液少的感觉。

多汁的：咀嚼时口腔液体有不断增加的感觉。

粉质感：口腔内有干和湿两种物质混在一起的感觉。

奶油状的：口腔中黏稠而滑爽的感觉。

四、　食品的风味

风味的一般定义是物体的风格、特征、味道等，食品风味是对口腔中产品通过化学感应感知的印象。风味的组成包括：

香气：由口腔中产品逸出的挥发性成分引起的通过鼻腔获得的嗅觉感受。

味道：由口腔中溶解的物质引起的通过咀嚼获得的感受。

化学性感受因素：通过刺激口腔和鼻腔黏膜内的神经末梢获得的感受（涩、辣、凉、麻、金属味等）。

五、　食品的声音

声音是由机械振荡后产生的，食品断裂时发出的声音可以和硬度、脆性相联系。进一步分析，干食品和湿食品的声音产生的机制是不一样的。湿脆食品（如新鲜果蔬）富含水分，是由易碎的活体细胞构成的，咀嚼时施加的压力使细胞破裂而产生声音。对于易碎的细胞而言，声音是由于膨胀压力的突然释放而形成的。细胞的膨胀压力表现为产品脆度，反映了湿脆食品的新鲜程度。干脆食品（如薄脆饼干）中布满了空气小室，由洞壁环绕，咀嚼时洞壁破裂产生了振动。当水分增加时，洞壁受压变形而不折断，产生的音量就会变小。声音显示了食品的听觉质地，所以也经常作为食品质量的指标之一。

第二节　人体感官

感觉（sense）是机体内外刺激信息传递到脑内形成的反映。特定的感受器接受刺激后，通过感受器的换能作用，将刺激所含的能量转换为相应的神经冲动，传达到大脑而产生感觉。通过选择和组织，大脑可以将感觉信息整合成有意义的模式，这个过程称作知觉（perception），如面孔的识别不仅仅是脸型的几何图案，而且与熟悉的背景特征相关。

感官是接受外界刺激的器官，对周围环境和机体内部的变化非常敏感，具有如下特征：

（1）一种感官只能接受和识别一种刺激。

（2）只有刺激量在一定范围内才会对感官产生作用。

（3）感官在持续受到某种刺激后会产生疲劳（适应）现象，表现为感官的灵敏度下降。

（4）心理作用对感官识别刺激有影响。

（5）不同感官在接受信息时会相互影响。

人类的基本感觉有五种，即视觉、听觉、触觉、嗅觉和味觉，这些感觉都是由人体不同的感觉器官接受不同的外界物刺激而产生的。此外，还能感受的有温觉、痛觉、疲劳觉等多种感觉。食品感官分析的评价员通常需要具有良好的感觉敏感性，并且需要经过专业培训，以进一步提高其感觉敏感性。

一、视　觉

人类在认识世界过程中的90%的信息量是靠视觉提供的，感官分析中的视觉检查占有重要位置，销售的产品的"第一印象"即视觉印象，因此具有举足轻重的作用。

1. 视觉的形成

人眼球外壳上有三层薄膜，角膜的弧形表面起到聚光作用，虹膜控制瞳孔大小，巩膜不透明，起到暗箱作用。晶状体位于瞳孔正后方，把光线聚焦在视网膜上。视网膜覆盖在眼球内壁，包含光敏感细胞和一些视觉神经细胞，负责将光信号转换成生物电信号并传送给视觉神经系统（图1-8）。

视网膜上主要有3种神经元，视细胞作为光感受器，实现光-电信号的转换，包括杆细胞和锥细胞。人的视网膜上约有1.1亿~1.3亿个杆细胞，600万~700万个锥细胞。双极细胞负责视细胞与神经节细胞的联络。神经节细胞是对接收到的信息进行综合，能将视网膜处理后的视觉信息编码为神经冲动传输到脑细胞。

杆细胞和锥细胞能够快速将入射光线转换为生物电信号，其中杆细胞对应于暗视觉，主要在光线较暗的情况下起作用，但不能区别颜色；锥细胞对应于明视觉，主要在光线较亮且对比度较大的情况下起作用，能够区分颜色信息。视网膜中央凹处是视力最敏感区的黄斑区，能感知图像精细细节和边缘，具有图像特征抽取的作用，锥细胞主要集中在该区域。黄斑区周边视力分辨率较低，但对运动图像具有较高灵敏性。杆细胞分布在黄斑区的外部。

2. 视觉的生理学特征

（1）彩色视觉　彩色视觉是人眼的一种明视觉功能。锥体感受器可分为三种锥状细胞，分别对红、绿、蓝三种波长的色光产生视觉反应。图1-9所示为国际照明委员会绘制的色彩敏感曲线，$X(\lambda)$、$Y(\lambda)$和$Z(\lambda)$分别表示红敏细胞、绿敏细胞和蓝敏细胞的相对视敏函数曲线，某些波长值可以在1~3条曲线之下，如580nm黄色光既能刺激红敏细胞，又能刺激绿敏细胞，红光与绿光以适当比例混合作用于视网膜，产生的彩色感觉与黄光引起的视觉效果完全相同。人的大脑是根据3种光敏细胞的光通量比例来决定彩色感觉的，若3组锥状体都感受到相同程度的辐射光波，则眼睛看到的就是白光。

（2）明暗适应　从明亮处进入黑暗处后，视觉逐步适应黑暗环境的过程称为暗适应，一般要经历4~6min，完全适应大约需经30~50min；从暗环境进入明环境的暂时性视物不清过程称作明适应。明适应的进程很快，通常在几秒钟内即可基本适应，经60s达到完全适应。

（3）色适应　色适应是指色觉的局部适应。颜色的刺激可以使眼睛对某一颜色的敏感性降低，如果长时间注视某种颜色，色的纯度和明度感觉会发生显著变化。色彩视觉的最佳时间域为 $5\sim10s$。生活中当我们长时间观察一块鲜艳的红色时，会出现红色不如原来的艳丽，开始变暗浊的视觉现象。只要把视野转移一会儿，再观察时红色又会恢复原来的艳丽了。

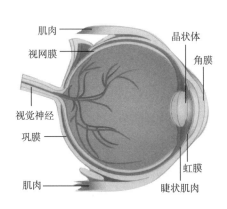

图 1-8　眼球结构模式图

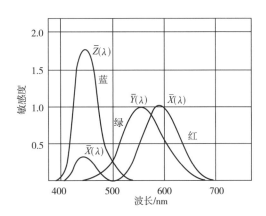

图 1-9　色彩敏感曲线

（4）视觉残像　当人眼视线从注视着的明亮物体移开或闭上眼睛的瞬间仍会有明亮物体的形象残存，残像的色彩与原像相同，称为正残像，其残留时间一般仅为几分之一秒；正残像消失后会随之出现负残像，即暗影，这是由于受明亮光照射的视觉细胞视敏度下降（即视觉疲倦），当再看较暗、较均匀的背景时，该区域不能及时提高视敏度而在这个背景上感到有一个形状相同的暗影。

3. 视觉的心理学特征

（1）视觉的组织性　视觉的组织是指对原始信息的"知觉组织"进行有选择的加工处理。

①相似性：相似性是在多种刺激物同时存在时，会趋于把各刺激物归于一类的心理倾向。我们会认为图 1-10 是由斜叉和圆点叠加组成的方阵。

②接近性：接近性是指视觉主体对某些距离较短或互相接近的刺激物易将其看成整体的心理倾向。图 1-11 中是规则的矩形阵列小黑点，但我们更倾向于把它们看成是垂直线，这是因为一个点到其最近点的距离在垂直方向要比水平方向短。

③封闭性：当知觉对象虽然各有其可供辨认的特征，但仅凭此特征不足以确定对象间的关系时，视觉主体往往运用自己的经验主动为之补充，以获得有意义的或合乎逻辑的解释。图 1-12 中我们看到的是三角形而不是三条独立的线。

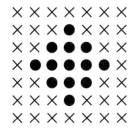

图 1-10　知觉组织的相似性

图 1-11　知觉组织的接近性

图 1-12　知觉的封闭性

④连续性：与封闭性类似，我们倾向于把图 1-13 看作是一条直线与一条曲线的多次交汇，而不是多个半圆排列在一起。

（2）视觉的相对性 视觉感知的结果不仅取决于刺激，还受经验、对比、情绪、环境等的影响。当两种具有相对性质的视觉刺激物同时出现或相继出现时，因彼此互相影响而造成明显差异，如图 1-14 的两个中心圆完全一样大，但由于周围对比的作用，右边中心的圆显得较大。

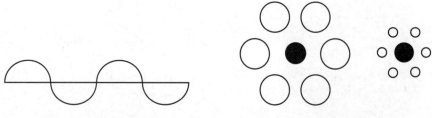

图 1-13　知觉的连续　　　　　　　　图 1-14　背景对前景的影响对比

（3）视觉的恒常性 视觉的恒常性是指在不同角度、距离、光照等情况下观察某一熟悉物体时，虽然物体的物理特征有很大的变化，但由于对物体特征已有知觉经验，在心理上倾向于维持不变的心理倾向。如虽然远处的牛在视觉上比近处的狗还小，但我们仍然会感到远处的牛比近处的狗要大。视觉的恒常性表现有大小恒常性、形状恒常性和颜色恒常性。

（4）错视现象 人的视觉经常会受环境的干扰而产生错觉，这种现象被称为错视。例如，图 1-15 所示为一个大个子正在追赶一个小个子吗？其实这两个人完全是一模一样的；图 1-16 所示黑色的弧看起来是一个螺旋，其实它们是由一组同心圆构成的。

　　　　　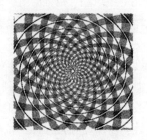

图 1-15　深度错视　　　　　　　　　图 1-16　扭曲错视

感官分析中的视觉检查应在相同的光照条件下进行，特别是同一次试验过程中的样品检查。感官检查顺序中首先由视觉判断物体的外观，确定物体的外形、色泽。食品的颜色变化会影响其他感觉的判断，正常颜色的食品才能调动味觉和嗅觉做出正确判断，而异常色的食品会使其他感觉灵敏度下降，甚至不能正确感觉。通过视觉检查还可初步了解产品的质量，如脂肪变黄说明脂肪已氧化酸败，罐头膨胀可能已经变质等。统计结果显示，食品的颜色比食品的形状、质构等对食品的可接受性影响更大。虽然食品的颜色可以用仪器测定，但食品的何种颜色可增加食欲，受到人们的喜爱，是仪器不能预见的。因此，视觉检查在食品生产中占有很重要的地位。

二、嗅　觉

1. 嗅觉的产生机制

嗅觉是嗅觉系统对某种气体或挥发性物质分子产生的生理反应。嗅细胞感受气味分子刺激而产生的微弱响应信号经嗅神经传送至嗅小球、僧帽细胞、粒状细胞层，最后传到大脑。嗅上皮位于鼻孔的上部，表现为一个暴露在外部环境中的气味敏感表面。嗅上皮中包含了感受器系统，在其上覆盖着一层黏液层（又称嗅黏膜）。人的嗅上皮的面积大概为 $2.5cm^2$，包含了大约 500 万个嗅觉神经元，每一个嗅觉神经元至少有 10 条直径约为 $0.15\mu m$ 的嗅纤毛浸泡到细胞表面的薄层黏液中，从而显著地增加了细胞的表面积。嗅纤毛中有识别并能结合气味分子的受体蛋白，气味分子被黏液吸收后扩散到纤毛处与蛋白质感受器反应，使嗅纤毛的通透性增加，嗅黏膜电导改变，引起膜电位的变化。嗅细胞产生感受器电位并导致嗅神经纤维产生神经冲动。图 1-17 和图 1-18 是鼻腔和黏膜构造示意图。

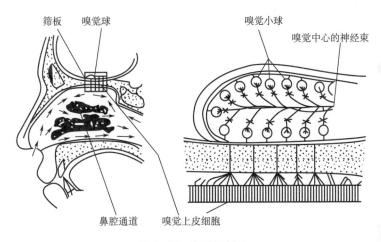

图 1-17　鼻腔解剖图

科学家一直力求找到这些特殊的受体蛋白质，因为受体蛋白是解答嗅觉两大问题的关键所在。这两大问题是：一个是嗅觉系统如何对数千种形状和大小不同的气味分子产生反应是通过数目有限而专一性不高的受体，还是通过数目庞大而作用相对特异的受体？另一个是大脑如何利用这些反应来区分不同的气味。

获 2004 年诺贝尔生理学或医学奖的 Richard Axel 和 Linda B. Buck 发现了一个约有 1000 个不同基因（占人类基因的 3%）的大型基因家族，这些基因编码了相同数量类

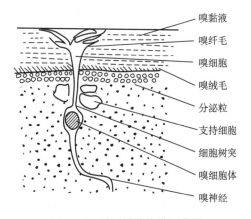

图 1-18　嗅黏膜的构造示意图

型的嗅觉受体。人体的嗅觉系统具有高度的"专业化"特征。每个嗅觉受体细胞只会对有限的几种相关分子做出反应，但这并不影响嗅觉辨别众多的不同气味。因为绝大多数气味都是由这

几种气体分子组成的，其中每种气体分子会激活相应的多个嗅觉受体，并会通过嗅觉小球和大脑其他区域的信号传递，组合成不同的气味模式。尽管嗅觉受体只有大约1000种，但它们可以产生大量的组合，形成大量的气味模式，这就是人们能够准确地辨别和记忆上万种不同气味的原因。

2. 嗅觉的生理特性

（1）嗅觉疲劳 当嗅味物质扩散至嗅区后，嗅觉相应强度很快增加并达到最大值，嗅觉反应达到平衡，嗅味物质的浓度差不再能产生新的刺激，然后嗅觉细胞敏感性逐渐降低，嗅觉相应处于新的平衡。例如，人们进入一个新的气味环境时能很快感受到其中的气味，但时间稍长后便不再能分辨原已分辨到的气味。也就是说，嗅细胞容易产生疲劳，嗅觉的适应性很强。对嗅觉疲劳形成的原因有几种解释，如认为是大量的气味分子刺激嗅感区而导致嗅觉疲劳，疲劳速度随刺激强度的提高而加快；也有研究者认为，嗅感区某些部位在持续的强刺激下产生去电荷作用，干扰了嗅感信号的传输而导致嗅感疲劳。

过多次数的吸入气味会引起嗅觉细胞灵敏度的降低。由于嗅细胞具有易疲劳的特点，所以对产品气味的检查或对比，次数和时间应尽可能缩短。

（2）嗅味物质的相互影响 当多种嗅觉气体相互混合后，其气味表现可能为：

①以一种（或者少数几种）气味为主。

②某些主要特征气味受到压制或消失，无法辨认混合前的气味。

③某种气味被压制，其他气味特征保持不变，即失去了某种气味。

④原来的气味特征彻底改变，形成一种新的气味。

⑤保留部分原气味特征，同时形成一种新的气味。

⑥混合后变成无味，这种结果被称为中和作用。

食用香精的使用是嗅味物质混合的范例，希望发生的结果是突出香精的香味，掩盖不良的气味，或者保留部分原气味，同时突出香精香味。生活中使用香水也是掩盖不良气味的常见例子。

3. 品香方法

（1）嗅技术 嗅区位于鼻腔最上端，在正常呼吸时，吸入的空气主要通过下鼻道与中鼻道，带有气味物质的空气只有极少量缓慢通入鼻腔嗅区，所以只能感受到有轻微的气味。要获得明显的嗅觉，就必须将嗅味物质置于鼻腔下方，适当用力地吸气，使空气形成急速的涡流，嗅味物质因而能够较多地接触嗅区，引起嗅感的增强。这一过程称为嗅技术，使用嗅技术不能超过3次，否则会引起嗅觉疲劳。

（2）范式试验 范式试验是用口感觉气味的技术。首先用手捏住鼻孔，张口呼吸，然后把嗅味物质放在口边，迅速吸入一口气后闭口，放开鼻孔使气流通过鼻腔流出，从舌上感觉物质的气味。范式试验已广泛应用于训练和扩展人们的嗅觉能力。

（3）啜食技术 啜食技术是不真正吞咽而达到吞咽效果的品香技术。评价员将样品送入口中并用力吸气，把样品吸向咽壁（如吞咽动作），香气和空气一起流过后鼻部被压入嗅感区域，样品则被吐出。使用啜食技术必须先嗅后尝，以保证品味的准确性。

三、味　觉

味觉是可溶性呈味物质溶解在口腔中对味觉感受器刺激后产生的反应。更恰当地说，味的感觉是味觉、嗅觉、温度觉和痛觉等在口腔内的综合反应，而不是样品在近体温状态下，评价员堵塞鼻子后品尝而获得的感觉。

1. 味觉的形成

人类的味觉感受器是覆盖在舌面上的味蕾。味蕾主要分布在舌头表面、上腭的黏膜中和喉咙周围，通常由 30~50 个细胞成簇聚集而成，中间含有 5~18 个成熟的味细胞及一些尚未成熟的味细胞，同时还含有一些支持细胞及传导细胞（图 1-19）。在味蕾有孔的顶端存在着许多长约 2μm 的微丝，正是由于有这些微丝才使得呈味物质能够被迅速吸附，引发神经递质分子的信息释放，并将味觉信号传递到大脑较高级的处理中心。

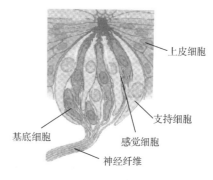

图 1-19　味蕾

味蕾分布在不同的乳头——蕈状乳头、轮廓乳头、叶状乳头上。不同种类乳头的味蕾对不同味的敏感性不同。蕈状乳头主要分布在舌尖和舌侧部位，它对甜、咸味敏感，其中舌尖处对甜味敏感，舌前部两侧是对咸味敏感。轮廓乳头以 V 字形分布在舌根部位，对苦味最敏感。叶状乳头主要位于靠近舌两侧的后区，对酸味最敏感。味蕾中含有味细胞，可溶性物质刺激味细胞，使其产生兴奋并由味觉神经立即传入中枢进入大脑皮质，产生味觉。丝状乳头分布在舌前 2/3 部分，其数目很多，乳头中央有结缔组织的轴头，其中有神经和血管，但没有味蕾。味感的主要分布见图 1-20。

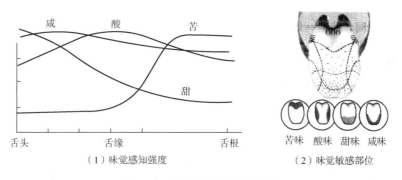

（1）味觉感知强度　　　（2）味觉敏感部位

图 1-20　味感分布区域示意图

味觉的强度和出现味觉的时间与呈味物质的水溶性有关，完全不溶于水的物质实际上是无味的，只有溶解在水中的物质才能刺激味觉神经，产生味觉。味觉产生的时间和味觉维持的时间因呈味物质的水溶性不同而有差异，水溶性好的物质味觉产生快，消失也快，水溶性较差的物质味觉产生较慢，但维持时间较长，如蔗糖和糖精就属于两类不同的甜味剂。

味觉的反应程度可以用平衡常数 K 表示：

$$K \cdot c = n/(S-n)$$

式中　c——味觉刺激浓度；

　　　S——能参与味觉反应的离子（或分子）的最大数目；

　　　n——参与味觉反应的离子（或分子）的数目。

味觉的强度可以用味觉值来反映。味觉值是衡量呈味质在食品味觉中所起作用的比值，如果味觉值小于 1 则失去味觉感觉：

$$味觉值 = 味觉物质浓度/味阈值$$

味觉反应时间也与浓度 c 密切相关：

$$t = d/c^b$$

式中　t——味觉反应时间；

　　d, b——常数。

开始有口感后要持续一段时间以致适应，味觉响应趋向稳定。适应时间与刺激物的浓度、种类、温度、介质等因素有关。

2. 基本味

味的分类方法各不相同。中国一般分为七味：酸、甜、苦、辣、咸、鲜、涩；日本分为五味：咸、酸、甜、苦、辣；欧美分为六味：甜、酸、咸、苦、辣、金属味。生理学上味觉只有四原味，即甜、酸、咸、苦四种基本味觉，通过电生理反应实验和其他实验，现在已经证实四种基本味对味感受体产生不同的刺激，这些刺激分别由味感受体的不同部位或不同成分所接收，然后又由不同的神经纤维所传递。四种基本味被感受的程度和反应时间差别很大，通过电生理法测得的反应时间为 0.02~0.06s，咸味反应时间最短，甜味和酸味次之，苦味反应时间最长。

除了以上四种基本味觉，人体可以感受到的其他六种主要味觉为：

辣味：是一种强烈的刺激性味感，是一种特殊的痛觉，可以刺激舌头和口腔的味感神经，同时又会刺激鼻腔而产生感觉。辣味可分为辛辣、火辣、麻辣，辛辣是冲鼻刺激感辣味，具有一定的挥发性，作用于味觉和嗅觉器官；火辣是在口腔中引起的一种烧灼感；麻辣是一种麻痹性烧灼感。

涩味：是由于草酸、奎宁酸等使口腔黏膜蛋白质变性而产生的一种收敛感，未成熟的柿子是典型的食物涩味源。

鲜味：是食品的一种复杂美味感，是不包括于四种基本味觉的食欲味。

清凉味：薄荷醇的典型味。

碱味：羟基离子是呈碱味的属性。

金属味：存放时间长的金属罐头食品中含有的令人不快的味道。

3. 味觉的关联

食品往往是多种味觉的综合体，各种味觉间互相影响、互相关联，实验结果如下：

（1）低于阈值的氯化钠会略降低醋酸、盐酸和柠檬酸的酸味感觉，而使乳酸、苹果酸和酒石酸的酸味感觉明显降低。

（2）氯化钠能使糖的甜度增加，增加程度按降序排列为：麦芽糖、乳糖、果糖、葡萄糖、蔗糖。

（3）盐酸不影响氯化钠的咸味感觉，而所有其他酸会增加氯化钠的咸味感觉。

（4）乳酸、苹果酸、柠檬酸和酒石酸会增加蔗糖的甜味感觉，盐酸和醋酸不影响蔗糖的甜味感，但会降低葡萄糖的甜味感。

（5）糖类会明显降低酸味的感觉，对咸味的降低程度不大。在糖类中，蔗糖对苹果酸和酒石酸的影响最大，使它们的酸味感觉大为降低。不同的糖类物质降低其他酸类物质酸味的程度几乎相同。

对于苦味与其他味的相互作用，咖啡因与其他味之间的研究结果：

（1）咖啡因不会影响咸味感，反之，咸味对苦味也无影响。

（2）咖啡因不会影响甜味，但蔗糖能减弱苦味感，特别是在其高浓度下苦味减弱更加明显。

（3）咖啡因能明显增强酸味感。

除四种基本味的相互作用外，不同的呈味物质的浓度差别作用也展现一定规律，例如，一种呈味物质的浓度远远高于另一种呈味物质，混合时高浓度物质的味占主导地位，甚至完全掩盖另一味。若两种相呈味物质浓度差别在一定范围内，则可能高浓度物质的味占主要地位，但味调会发生变化或两种味同时能感觉到。在某些情况下，会先感觉到一种味，然后又感觉到另外一种。

谷氨酸钠具有增强食品风味的特性，纯谷氨酸钠本身具有一种令人愉快的独特味觉。谷氨酸钠对四种基本味觉产生影响的研究表明，谷氨酸钠对氯化钠和蔗糖的味阈值无影响，而对于酒石酸和盐酸奎宁能显著降低它们的味阈值。许多其他食品风味添加剂也存在类似状况，一些物质的味感可因另一物质的存在而加强，最显著的例子是味精的鲜味可因肌苷酸的存在而强化。

食品味觉除了其本身性质外，实验条件和主观概念都会影响人们对食品的味感，图 1-21 所示为温度对食品受喜欢程度的影响。

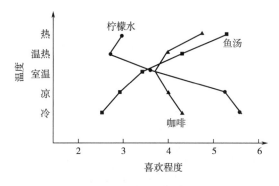

图 1-21　温度对一些食品受喜欢程度的影响

四、触　觉

"触感"（触摸的感觉和皮肤上的感觉）和"动感"（深层压力的感觉）都被认为是触觉。这两种感觉在物理压力上有所不同，皮肤表面下有触觉的感受器，在有毛发的皮肤中就是毛发感受器，在无毛发的皮肤中主要是迈斯纳小体。深层的压力是通过肌肉、腱和关节中的神经纤维感受到的肌肉的拉伸和放松，感受器是帕西尼环层小体。这些感受器接受了机械刺激后产生神经冲动，由传导神经将信息传到大脑皮层产生触觉。

皮肤上分布着冷点与温点，温度刺激作用于皮肤时所产生的感觉强度与两个因素有关，其一是被刺激部位皮肤面积，同样的刺激作用于较大的皮肤表面引起的感觉就强烈；其二是皮肤区域受点的密度，密度越大，对温度变化越敏感。划分温、冷的界限是皮肤的生理零度即皮肤表面的温度。生理零度是温度觉上的中性温度，高于生理零度的温度刺激引起温觉，低于生理零度的刺激产生冷觉。10~60℃的温度刺激为适宜刺激，均能产生温度觉。

　　触觉感受器在皮肤内的分布不均匀，所以不同部位的敏感性不同。四肢皮肤比躯干部敏感，而手指尖的敏感性最强。此外，不同皮肤区感受两点之间最小距离的能力也有所不同，舌尖具有最大敏感性，能分辨两个相隔 1.1mm 的刺激，手掌面能分辨 2.2mm，背部正中只能分辨 6~7mm。

　　触觉检查是用人的手、皮肤表面接触物体时所产生的感觉来分辨、判断产品质量特性的一种感官检查。触觉检查主要用于检查产品表面的粗糙度、光滑度、软硬、柔性、弹性、塑性、热、冷、潮湿等感觉。人体自身的皮肤（手指、手掌）是否光滑，对分辨物品表面的粗糙、光滑、细致程度也有影响。如果皮肤表面有伤口、炎症、裂痕时，触觉的误差更大，这些都是在感官检查中应注意的。

　　此外，口腔能够感受到食品组成的大小、形状和质地等。研究发现，30μm 以下的颗粒，较为柔软或者形态圆润的，人们感觉不到有砂砾感，这就是巧克力要精磨到颗粒平均直径25μm 以下并且精炼的原因。而质地坚硬、有棱角的颗粒在 11~22μm 时，就会有砂砾的口感。黏稠感、融化感也是口腔的触觉表示。

五、听　觉

　　听觉是频率在 20~20000Hz 的声波对人耳的适宜刺激。声波是物体振动所产生的一种纵波，必须借助气体、液体或固体媒介物才能传播。外界的声波经外耳道传入鼓膜，引起鼓膜振动而刺激耳蜗内听觉感受器，由感受器产生神经冲动，最后传入大脑皮层的听觉中枢形成听觉（图 1-22）。

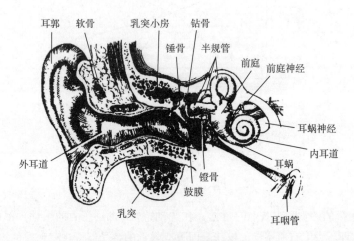

图 1-22　耳朵的解剖图

　　利用听觉进行感官检查的应用范围十分广泛。对于同一种物品，在外来的敲击下或内部自身的原因，应该发出相同的声音。但当其中的一些成分、结构发生变化后会导致原有的声音发生一些变化，据此可以检查许多产品的质量，生产中称为打检。食品在咀嚼时发出的声音在很大程度上影响着食品的可接受性，例如，酥脆、膨化食品在咀嚼时特有的爆裂声是这类食品质量的特有标志，影响着人们的食欲，如果没有这一声音，则很可能食品已经回韧，人们可能拒绝接受。

六、 感官之间的关联

感官感觉中任何一个器官的机能活动不仅取决于该感官所引起的响应，而且还受其他感觉系统的影响，感觉感官之间是互相关联的。经常可以观察到的影响因素有：

1. 嗅觉刺激对味感的影响

当嗅觉刺激物（如樟脑气味）起作用时，舌的感觉能力会降低；吸烟之后味感也会降低。在嗅觉失灵状况下，味觉也严重下降。

2. 光线的影响

光线能够加强嗅觉、味觉和触觉的能力，但能减弱听觉的能力。一般人们都愿意在光线明亮的地方进食。

3. 声音的影响

在噪声环境中的味觉和视觉会降低，强烈的噪声能使人心神不宁，甚至有时会产生呕吐的感觉，而悦耳的声音会增强感觉能力，提高人的食欲。

4. 温度和颜色的影响

每一种食品都有最合适的食用温度，温度过高可能引起灼热感，破坏对味觉本身的感觉。另外，如前所述，温度改变会引起感觉的变化。食品的不同颜色会使人产生不同的感觉，绿色和蓝色使人感到凉爽，红色使人感到温暖。

除此以外还有许多其他现象，在日常生活中食品感官感觉是不同强度的各种感觉的总和，并且各种不同刺激物的影响性质各不相同。因此在食品感官分析工作中既要控制一定条件来恒定一些因素的影响，又要考虑各种因素之间的互相关联和作用。

七、 三叉神经的风味功能

三叉神经是第五对脑神经，也是面部最粗大的神经，含有一般躯体感觉和特殊内脏运动两种纤维，支配脸部、口腔、鼻腔的感觉和咀嚼肌的运动，并将头部的感觉讯息传送至大脑。我们遇到的诸如芥末的贯通鼻腔的辛辣、生切洋葱的催泪，都是三叉神经对"化学感觉"的表现。这些化学感觉会显著影响消费者对产品的接受程度。苏打水中二氧化碳气泡破裂，辣椒、黑胡椒、生姜、孜然、芥末、辣根、大葱、大蒜等对三叉神经末梢产生的刺激，引起的眼睛、鼻子和口腔产生麻辣感、灼烧感、辛辣感、刺鼻感以及刺痛感等，也是人们复杂的感官感受的组成部分。

第三节 阈 值

一、 感 觉 阈

感觉的产生需要有适当的刺激存在。所谓适当刺激是指能够引起感受器有效反应的刺激，刺激强度太小不能引起感受体的有效反应，而刺激强度太大则反应过于强烈而失去感觉，这两种状况都产生不了感觉。各种感觉都有一个感受体所能接受的外界刺激变化范围，感觉阈是指感官所能接受范围的上下限和对这个范围内最微小变化感觉的灵敏度。依照测量技术和目的的不同，可以将各种感觉的感觉阈分为绝对感觉阈和差别感觉阈两种。

1. 绝对感觉阈

刚刚能引起感觉的最小刺激量和刚刚导致感觉消失的最大刺激量为绝对感觉的两个阈限。通常我们听不到一根线落地的声音，也觉察不到落在皮肤上的尘埃，因为它们的刺激量不足以引起我们的感觉。但若刺激强度过大，超出正常范围，则原有的感觉消失而生成其他不舒服的感觉。这种感觉的最小刺激量称为绝对感觉阈的下限，或称刺激阈或察觉阈，低于下限的刺激称为阈下刺激。反之，刚刚导致感觉消失的最大刺激量称为绝对感觉阈的上限，高于上限的刺激称为阈上刺激。

阈上刺激和阈下刺激都不能引起相应的感觉，例如，人眼只对波长 380~780nm 的光波刺激发生反应，人耳只对 20~20000Hz 范围的声波刺激起反应，范围以外的声光刺激均不能形成感觉。

2. 差别感觉阈

在刺激物引起感觉之后，人体能否感觉到刺激强度的微小变化，这就是差别敏感性的问题。以重量感觉为例，把 100g 砝码放在手上，若加上 1g 或减去 1g，一般是感觉不出重量变化的。根据实验，只有重量增减达到 3g 时才刚刚能够觉察到变化，即 3g 为重量感觉在 100g 情况下的差别阈。把这种刚刚能引起差别感觉刺激的最小变化量，称为差别感觉阈或差别阈。

差别阈不是一个恒定值，会随一些因素的变化而发生改变。在 19 世纪 40 年代，德国生理学家韦伯（E. H. Weber）在研究重量感觉的变化时发现，100g 重量至少需要增减 3g，200g 重量至少需增减 6g，300g 至少需增减 9g 才能察觉出重量的变化。也就是说，差别阈随原来刺激量的变化而变化，并表现出差别阈与刺激量的比例为常数。即：

$$k = \Delta I / I$$

式中　　ΔI——差别阈；

　　　　I——刺激量；

　　　　k——常数，称为韦伯分数。

此公式被称为韦伯定律。德国心理物理学家费希纳（G. H. Fechner）在韦伯研究的基础上进行了大量的试验研究，发现感觉的大小同刺激强度的对数成正比，刺激强度增加 10 倍，感觉强度才增加 1 倍。由此，费希纳提出了一个被称为费希纳定律的经验公式：

$$S = k \lg R + b$$

式中　　S——感觉量；

　　　　R——刺激强度；

　　　　k，b——常数。

后来的许多试验证明，韦伯定律只适用于中等强度的刺激，当刺激强度接近绝对阈值时，韦伯比例值将会上升。费希纳定律也只适用于中等刺激强度范围，这一定律在感官分析中有较大的应用价值。在实际应用中，感觉阈限是测评感官分析人员的重要指标。

二、味阈及其影响因素

味阈是能够辨别出味觉的最低浓度。味阈分为察觉阈、识别阈和极限阈。察觉阈是某物质的味觉尚不明显的最低浓度，此时只是感到味觉与水不同而已；识别阈是指已经能够明确辨别出某种物质味觉的最低浓度；极限阈是指溶质达到某一含量后，再增加也无味感变化的浓度。四种基本味的味阈如表1-2所示。

表1-2   四种基本味的味阈

味道	呈味物质	舌尖味阈/%	舌边味阈/%	舌根味阈/%
甜	蔗糖	0.49	0.72~0.76	0.79
酸	盐酸	0.01	0.006~0.007	0.016
苦	硫酸奎宁	0.00029	0.0002	0.00005
咸	食盐	0.25	0.24~0.25	0.28

影响味阈有很多因素，包括年龄、性别、温度等，现分述如下：

（1）年龄和性别　人体的味觉器官随年龄的增长而逐渐衰退，对味觉的敏感度逐步降低。青壮年的生理器官已发育成熟，同时也已经积累了相当的经验，处于感觉敏感期。到50岁左右味觉敏感性明显衰退，甜味约减少1/2，苦味约减少1/3，咸味约减少1/4，但酸味减少不明显。另外，女性在甜味和咸味方面比男性更加敏感，而男性在酸味方面比女性敏感，在苦味方面基本不存在性别上的差异。

（2）饮食时间和睡眠　饮食时间的不同会对味阈值产生影响。饭前的品尝实验结果表明，实验人员对四种基本味觉的敏感度都有提高，饭后1h所进行的品尝实验结果表明，实验人员对四种基本味觉的敏感性明显下降，其降低程度与膳食的热量摄入量有关。这是由于味觉细胞经过了紧张的工作后处于一种"休眠"状态，所以其敏感度下降。为了使实验结果稳定可靠，一般品尝实验安排在餐食后2~3h内进行，而且实验人员不宜饮食过饱，当然也应该避免安排处于饥饿状态的实验人员进行品尝实验，否则也会影响实验的结果。至于品尝实验安排在上午或下午进行都可以。睡眠状况对咸味和甜味感觉影响不大，但是睡眠不足会使酸味的味阈值明显提高。

（3）身体健康状况　疾病是影响味觉的一个重要因素。很多病人的味觉敏感度会发生明显变化：降低、提高、失去甚至改变感觉，妇女在妊娠期对于柠檬酸的味阈值会降低等。因此在实验以前应该了解有关人员目前所处的健康状况，避免实验结果产生严重失误。

此外，抽烟对甜、酸、咸的味觉影响不大，但对苦味的味阈值却明显增大。这种现象可能是由于吸烟者长期接触有苦味的尼古丁，形成耐受性而对苦味敏感度下降。因此，为了防止对食品感官评价工作产生影响，实验人员应在评价实验前数小时（至少0.5h）就停止抽烟，并用清水漱口。

（4）食品温度　温度对味觉的影响较为显著。即使是相同的呈味物质，相同的浓度，如果温度不同，感觉也就不同。最能刺激味觉的温度在10~40℃，其中以30℃时味觉最为敏感。也就是说，接近舌温时敏感性最大，低于或高于此温度，各种味觉都稍有减弱。甜味食品在37℃左右最甜，在50℃以上的感觉明显地迟钝；酸味食品在10~40℃时酸味基本不变，而咸或苦的食品，温度越高味道越淡。啤酒的最佳的温度为8~12℃，汽水为4℃，果汁为8~10℃，西瓜为8℃左右。这就是人们常注重饮食合适温度的道理。图1-23所示为4种基本味觉的味阈值随温

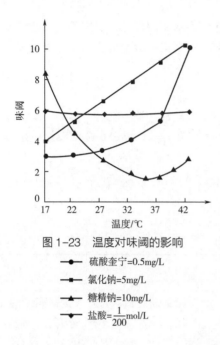

图 1-23　温度对味阈的影响

● 硫酸奎宁=0.5mg/L

■ 氯化钠=5mg/L

▲ 糖精钠=10mg/L

◆ 盐酸=$\frac{1}{200}$mol/L

度变化的情况。在食品感官分析实验过程中，除了按需要对某些食品进行加热处理外，应尽可能保持同类型实验在相同温度下进行，以减小实验结果的误差。

（5）溶解介质　物质产生的味感与该物质在液体介质的溶解度有关，在一般情况下，溶解度越大，味阈值越低。例如，水介质中蔗糖、氯化钠、咖啡因等物质的味阈值低于在番茄汁中的味阈值。另外，介质的黏度会影响呈味物质扩散至味觉细胞的速度，从而影响味感响应强度。例如，在水中加入甲基纤维素，使它的黏度与油黏度相等，在该介质中咖啡因、奎宁和糖精相同浓度的感官响应强度值介于水和油之间。

三、　嗅阈及其影响因素

嗅觉的敏感性比味觉高得多，最敏感的气味物质——甲基硫醇在空气中的浓度只要达到 4×10^{-8}mg/L（约 1.41×10^{-10}mol/L）就能感觉得到，而最敏感的呈味物质——马钱子碱的苦味要达到 1.6×10^{-6}mol/L 才能感觉到；嗅觉最低能够感觉到的乙醇浓度是味觉的 1/24000 倍。表 1-3 所示为部分典型嗅觉化合物的嗅阈浓度值。

表 1-3　　　　　　　　　　　部分化合物的嗅觉性质和嗅阈浓度

化合物名称	嗅觉联想	嗅阈/（mg/L）
水杨酸甲酯	冬青	1×10^{-1}
乙酸戊酯	香蕉油	3.9×10^{-2}
薄荷油	薄荷	2.4×10^{-2}
正丁酸	汗臭	9×10^{-3}
苯	煤油	8.8×10^{-3}
黄樟脑	黄樟脑	5×10^{-3}
乙酸乙酯	水果	3.6×10^{-3}
吡啶	焦臭	7.4×10^{-4}
硫化氢	臭皮蛋	1.8×10^{-4}
正丁硫醚	腐臭	9×10^{-5}
香豆素	香草	2×10^{-5}
柠檬醛	柠檬	3×10^{-6}
二硝基特丁基二甲苯	麝香	7.5×10^{-6}
乙硫醇	腐败的圆白菜	5×10^{-8}

嗅觉的个体差异很大，但嗅觉敏锐者可能并非对所有气味都敏锐，如评酒师对酒香的变化非常敏感，但对其他气味就不一定敏感。一般人在上午嗅觉敏感度会提高，而在饭后会降低，这与味觉实验中的现象相类似。醇类、糖类、氨基丙苯、苯异丙胺和抽烟等都会降低嗅觉敏感度。大气环境的湿度、人的身体状况可以影响嗅觉器官，人在感冒、身体疲倦或营养不良时都会引起嗅觉功能降低；女性在月经期、妊娠期及更年期都会发生嗅觉缺失或过敏的现象。

第四节　影响感官分析的因素

感官分析作为一种主观对客观的反映，容易受到自身生理情况和外界条件的影响，所以在进行食品感官分析试验的操作时，时机和环境的控制是非常重要的。感官分析所涉及的每一个环节都会影响到测试的最终结果，因此实验设计的每一步都需要考虑到可能的影响因素，以最大限度地避免得到不准确的结果。

一、　测试样品

样品是进行感官分析的对象，也是顺利进行感官分析的前提条件。样品的制备应注意以下几点：

均一性：样品除所要评价的特性外，其他特性应完全相同。比如在评价样品口感时，需要保证样品的颜色，温度一致，使用相同的容器，并且样品量也需要保持一致。

适当的数量：每次实验样品数控制在4~8个，对含酒精饮料和带有强烈刺激的样品，应控制在3~4个。

样品顺序和编码：样品随机摆放，并选用三位阿拉伯数字对样品随机编码，如586、702、314等，不能直接使用"A"或"1"。另外还应该避免同时使用较为接近的数字如729、792，也需要避免使用有特殊含义的数字组合如520、888等。

在感官评价前，应该避免向评价员透露产品信息，包括品牌、原料、生产工艺等，产品附带的信息可能会对评价员产生先入为主的主观影响。

评价员在评价样品时，需要将样品的顺序打乱，以避免样品位置所带来的影响，尤其样品较多时，排在较后品尝的样品可能因为疲劳和适应而偏离原有的结果。排在第一位的样品也会因为初次刺激而造成评价偏离正常结果，因此需要将样品顺序打乱。有条件的情况下可以增加热身样品来避免初刺激的影响。同时样品数量较多时，应该避免反差较大的产品放在相邻的顺序，虽然这些差异可以通过培训评价员以及漱口和休息等方式来减小，但仍然可能会存在。

在品尝样品的间隙，需要给予评价员适当的休息时间，同时漱口以清除上一个样品的影响。一般样品用纯净水漱口即可，遇到太油腻或太甜的样品时，可使用温水、热茶、柠檬水、牛乳、饼干、苹果等。一般可以根据品尝的样品来选择合适的清口介质，但需要注意的是，使用纯净水以外的物质清口后还需要再次使用纯净水漱口，以消除这些物质残留带来的影响。

此外，食物的刺激必须关注，在糖溶液中加入适量盐，甜感会度比单纯同浓度的糖更甜；

先吃糖后再吃酸，会觉得酸感更强。这种一个刺激的存在造成另一个刺激增强的现象称为对比增强现象，而对比减弱现象同样存在。尝过咸味或苦味后，无味的清水也会感觉有甜味，这种一个刺激造成另一个刺激的感觉发生本质变化的现象，称为变调现象。味精和核苷酸共存的鲜味明显高于味精和核苷酸单独存在时鲜味的加和，这种现象称为相乘作用。食用西非的神秘果后会阻碍对酸味的感觉，这种现象称为阻碍作用或拮抗作用。

二、 外部环境

环境条件严重影响着对食品进行感官分析的正确与否，其影响主要体现在：对参与感官分析人员心理和生理上的影响；对样品品质的影响。

感官评价员身处的温度、湿度、灯光舒适度、气味等都会对感官评价员产生影响，因此，食品感官评价室必须与食品样品制备区分开，感官评价室应保证无味。正规的食品感官分析应在专门的感官评价室进行，室内具有良好的通风系统，无其他异味，温、湿度保持恒定，一般温度控制在21℃左右，相对湿度在65%左右。远离嘈杂，给评价员提供一个安静、舒适的环境。为消除颜色对某些样品的干扰，应选择不同颜色（一般采用红、黄、白三种）的光源进行照明。

过于狭小阴暗的空间，室内外太大的温差，室内异味和噪声等都会对评价员产生影响。在评价实验中样品的温度、容积、大小等，任何可能提供评价员的暗示，或影响评价员感受的非实验因子，皆应尽量排除。送交每名评价员检验的样品量应相等，同一次检验中所有样品的温度都应一致，使用相同的容器。

三、 评价员

评价员是感官评价的主体，决定了最终的评价结果，评价员分为以下几种类型：

消费者：仅丛自身主观愿望出发，对产品做出喜爱和接受程度评价。

初级的：具有一般感官分析能力的人员。

优选的：具有较高感官分析能力的人员。

专家型：具有丰富经验，能独立的或在评价小组内进行产品感官分析的优选人员。

通过严格筛选和长期培训可以提高评价员的评价能力，但影响评价员评价结果的不仅是其经验和能力，他们也会受到其他方面的影响，一般分为心理影响和生理影响两部分。

1. 评价员生理因素的影响

生理因素包括性别、年龄、饥饿程度、疲劳程度、健康状况、不良嗜好、动力等。一般认为女性的敏感程度要普遍高于男性。对于独立的个体而言，随着年龄的增加其敏感度会降低，但个体之间的敏感度差异较大，这意味着部分极其敏感的人其敏感度随年龄增加而降低以后仍然比其他人高。

饥饿会在一定程度上增加敏感度，而饱腹则会让感官变得迟钝，因此感官测试在饭后1h内不能进行，在上午九点到十二点和下午二点到五点最合适。评价员应尽量避免感官疲劳，感觉的疲劳程度依所施加刺激强度的不同而有所变化，在去除产生感觉疲劳的强烈刺激之后，感官的灵敏度会逐渐恢复。一般情况下，感觉疲劳产生越快，感官灵敏度恢复就越快。疲劳、疾病和不良嗜好如吸烟、酗酒、饮浓茶、熬夜等都会影响敏感度，因此要避免此类人群参与评价。

2. 评价员心理因素的影响

心理因素则包含以下几点：

逻辑错误：样品中的多个特征被错误的关联，例如，颜色越深的啤酒会被觉得口味越重，稠度越高的酸乳会觉得固形物含量越高，稠度越高会认为残留感越强。

宽大错误：评价员过分注重自身感受而忽略了样品之间的差异。

光环效应：评价员在遇到非常好或坏的产品时会影响其对其他产品的判断；评价员在评价一个产品的多个特征时，最强的那个特征可能会影响其他特征的评价。例如，在对饮料测试时，如果对产品总体感觉喜欢，在作甜度、酸度、新鲜度、风味等各单一属性评分时容易都得到高分；反之，若产品不受欢迎，则它的大多数属性的得分都会较低，这一现象称为光圈效应。

中心化错误：给所有的打分都趋于中心化，避免出现极端分数。

假象：感知到本不存在的产品特征，如赫尔曼栅格错觉图（Hermann's Grid）（图1-24）中白线交叉处的黑点。

图1-24　赫尔曼栅格错觉图

此外，还需要注意的是，评价员之间不能进行沟通，包括可见的或口头的交流，对样品的任何好恶暗示性评价都会影响其他评价员的精神状态。知道啤酒花含量的评价员会对苦味的判定产生心理预计，产生期望误差。样品的规律性编码也会产生递增或递减的期望误差。螺旋盖瓶装的酒得分一般低于软木塞瓶装的酒，较晚提供的样品容易被评为口味较重，这种误差产生于某种条件参数，称为刺激误差。

另外，动力会影响感官知觉，如感兴趣的评价小组成员总会更有效、更可靠。

思考题

1. 食品的色泽可以怎样定量表示？
2. 你认为烛光晚餐会美味吗？为什么？
3. 请列举薯片具有哪些感官特性，并描述人体感官如何感受薯片的特性。

感官分析方法

　　1. 理解和熟悉差别检验的分类，整体差别检验和特性差别检验的区别及应用场景，能够根据项目需求选择合适的检验方法，对检验结果进行统计分析并合理解释。

　　2. 掌握描述分析方法的原理和应用，了解感官描述词的产生方式和定义，学会并应用感官描述词的各种标度，对描述性分析的结果进行图形化解释。

　　3. 介绍情感检验的主要类型和应用场景，理解情感检验的原理和结果分析方法。

　　食品的感官分析是建立在人的感官感觉基础上进行的统计分析方法。感官分析是基于样品差别的相对比较，虽然把人作为"仪器"，但感官分析不是测量绝对物理量的实验方法，它是对样品间或人群间相对差别的比较检验和测量，没有相对比较就没有感官分析。

　　按照感官分析在产品从研发到生产、品控，从运输、仓储到货架，再到最终消费整个过程中所涉及的问题，可以将其解决方法分为以下几个大类（图2-1）：

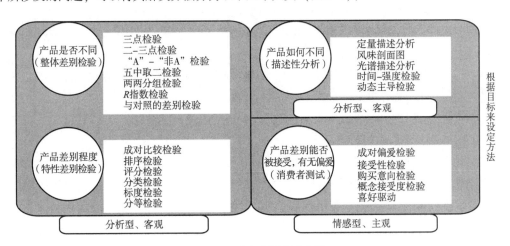

图2-1　感官分析方法分类

第一节　整体差别检验

差别检验是感官分析中最常用的一类检验方法，也是相对简单易用的方法，其目的是确定两种或两种以上的产品之间是否存在整体上或者某一感官特性上的差异，也可以用于检验产品之间是否相似。

差别检验方法广泛应用于食品配方设计、产品优化、成本降低、质量控制、包装研究、货架寿命、原料选择等方面的感官分析。

差别检验可以分为两大类：整体差别检验（overall difference tests）和特性差别检验（attribute difference tests）。

整体差别检验不对产品的感官性质进行限制，没有方向性，方法主要有二-三点检验、三点检验、五中取二检验、"A"-"非A"检验、简单差别检验、相似性检验和与对照的差别检验等。

一、　二-三点检验

二-三点检验（duo-trial test）是由 Peryam 和 Swartz 于 1950 年建立，用于确定两个样品间是否有可觉察的差异，这种差异可能涉及一个或多个感官性质，其目的是降低三点检验过程的复杂性，同时可以有效应对刺激相对强烈的样品所产生的敏感度降低问题。二-三点检验只有 2 个未知量，相对于三点检验的 3 个未知量，降低了难度，但二-三点检验不能表明产品间在哪些感官性质上有差异，也不能评价差异的程度。

1. 应用领域与范围

当实验目的是确定两种样品之间是否存在感官上的不同时，常常应用这种方法。特别是比较的 2 个样品中有 1 个是标准样品或对照样品时，本方法更适合。

二-三点检验从统计学上来讲其检验效率不如三点检验，因为它是从 2 个样品中选出 1 个，猜中的概率更大。但这种方法比较简单，容易理解。也因为这个原因，二-三点检验所需要的人数会更多，当二-三点检验用于差别检验时建议使用 32~36 人，而用来检验相似性时人数应当翻倍，建议 72 人。

二-三点检验可以应用于由于原料、加工工艺、包装或贮藏条件发生变化时确定产品感官特征是否发生变化，或者在无法确定某些具体性质的差异时，确定两种产品之间是否存在总体差异。这些情形可能发生在产品开发、工艺开发、产品匹配、质量控制等过程中。二-三点检验也可以用于对评价员的选择。

2. 方法

在评价过程中，每名评价员得到 3 个样品，其中 1 个标明是"对照样"，评价员先评价"对照样"，然后再评价另外 2 个编码样品，要求评价员从这 2 个样品中选出与对照样品相同的那一个。

二-三点检验评价单的一般形式见表 2-1。

表2-1　　　　　　　　　　　　　二-三点检验评价单

测 试 表 格

请填写以下信息:

姓名:　　　　　　　　　　　　　　　　　　　日期:

员工编号:　　　　　　　　　　　　　　　　　座位号:

本次测试共1盘/3杯样品,请按下列表格中给出的顺序依次品尝不同编码的样品,3杯样品中标记为R的样品是对照样,请最先品尝,而另2杯中有一杯与对照样品相同,请选择出一样的那杯样品,将结果依次填入下表中。

注意:

1. 请品尝足够的样品,以保持结果的准确性。

2. 品尝任一样品之前和之后,请记住用清水漱口,或食用少量的饼干(点心)以去除口中的余味。

盘号	品尝顺序			结果
1	R	304	472	

感谢您的参与。

---

3. 评价员

一般来说,参加评价的评价员至少要15人,如果人数在30人、40人或者更多,实验效果会更好。

4. 样品准备与呈送

二-三点检验的对照样有两种给出方式:固定对照模型和平衡对照模型。

(1)固定对照模型　如果评价员对待评样品其中之一熟悉,或者有确定的标准样,此时可以使用固定对照模型。在固定对照模型中,整个实验中都是以评价员熟悉的正常生产的产品或标准样作为对照样。所以,样品可能的排列方式为:

$$R_A \quad A \quad B$$
$$R_A \quad B \quad A$$

采用3位随机数字进行样品编码。上述两种样品排列方式在实验中应该次数相等,总评价次数应该是2的倍数。各评价员得到的样品次序应该随机,评价时从左到右按照呈送的顺序评价样品。

(2)平衡对照模型　当评价员对两种样品都不熟悉时,使用平衡对照模型。在平衡对照模型实验中,待评的两个样品(A和B)都可以作为对照样。样品可能的排列方式为:

$$R_A \quad A \quad B \qquad R_B \quad B \quad A$$
$$R_A \quad B \quad A \qquad R_B \quad A \quad B$$

A和B作为对照样的次数应该相等,总评价次数应该是4的倍数。各评价员得到的样品次序应该随机,评价时从左到右按照呈送的顺序评价样品。

5. 结果与分析

将各评价员正确选择的人数（x）计算出来，然后进行统计分析，比较两种产品间是否有显著性差异。

对二–三点检验，当样品间没有可觉察的差异时，评价员在进行选择时只能猜，此时正确选择的概率是 $1/2$，而当评价员能够感觉到样品间的差异时，做出正确判断的概率将大于 $1/2$，从而有统计假设：无效假设 H_0：$P=1/2$；被选假设 H_1：$P>1/2$。

根据统计假设，这是一个单尾检验。统计假设检验方法可以是二项检验或正态检验。

也可以通过实验的结果直接查表 2–2 进行推断得到结论。在附录一中，根据实验确定的显著性水平 α（一般为 0.05 或 0.01）、评价小组中评价员的数量 n 可以查到相应的临界值 $x_{\alpha,n}$，如果实验得到的正确选择的人数 $x \geq x_{\alpha,n}$，表明比较的两种样品间有显著性差异；如果 $x < x_{\alpha,n}$，表明比较的两种样品间没有显著性差异。

表2–2　　二–三点检验及方向性成对比较检验正确响应临界值表（单尾检验）

答案数目	不同显著水平所需每个样品正确回答最少数				答案数目	不同显著水平所需每个样品正确回答最少数				答案数目	不同显著水平所需每个样品正确回答最少数			
	10%	5%	1%	0.1%		10%	5%	1%	0.1%		10%	5%	1%	0.1%
4	4	—	—	—	21	14	15	17	18	44	27	28	31	33
5	5	5	—	—	22	15	16	17	19	48	29	31	33	36
6	6	6	—	—	23	16	16	18	20	52	32	33	35	38
7	6	7	7	—	24	16	17	19	20	56	34	35	38	40
8	7	7	8	—	25	17	18	19	21	60	36	37	40	43
9	7	8	8	—	26	17	18	20	22	64	38	40	42	45
10	8	9	10	10	27	18	19	20	22	68	40	42	45	48
11	9	9	10	11	28	18	19	21	23	72	42	44	47	50
12	9	10	11	12	29	19	20	22	24	76	45	46	49	52
13	10	10	12	13	30	20	20	22	24	80	47	48	51	55
14	10	11	12	13	31	20	21	23	25	84	49	51	54	57
15	11	12	13	14	32	21	22	24	26	88	51	53	56	59
16	12	12	14	15	33	21	22	24	26	92	53	55	58	62
17	12	13	14	16	34	22	23	25	27	96	55	57	60	64
18	13	13	15	16	35	22	23	25	27	100	57	59	63	66
19	13	14	15	17	36	23	24	26	28					
20	14	15	16	18	40	25	26	28	31					

二、三 点 检 验

三点检验也称三角测试（triangle test），用于确定两种样品间是否有可觉察的差别，这种差异可能涉及一个或多个感官性质的差异，但三点检验同样不能表明有差异的产品在哪些感官性质上有差异，也不能评价差异的程度。

1. 应用领域与范围

对原料、加工工艺、包装或贮藏条件发生变化，确定产品感官特征是否发生变化时，三点检验是一个有效的方法。三点检验可能发生在产品开发、工艺开发、产品匹配、质量控制等过程中。三点检验也可以用于对评价员的选择。对于刺激强的产品，和刺激持续时间比较长的样品，则应避免使用三点检验。

2. 方法

每次同时呈送给评价员 3 个样品，其中 2 个是相同的，并且告诉评价员 3 个样品中有 2 个相同，另外 1 个不同，评价员按照呈送的样品次序进行评价，要求评价员选出不同的那一个样品。三点检验是一种必选检验方法。即必须选择一个答案，不可以做出无差别的回答。三点检验采用 3 位随机数字进行样品的编码。

3. 评价员

当使用三点检验进行差别检验时，需要 24~30 名评价员，而进行相似性检验时人数应当翻倍，推荐 60 人。人数不足时可以通过重复测试得到相应的数据，即 15 名评价员重复测试 2 次，得到的 30 个数据按照 30 名评价员的数据进行处理。注：此方法仅限差别检验使用，相似性检验中不可以重复。

4. 样品准备与呈送

三点检验中，对于比较的两种样品 A 和 B，每组的 3 个样品有 6 种可能的排列次序：

AAB　ABA　BAA　BBA　BAB　ABB

在进行评价时，要使得每个样品各排列出现的次数相同，所以，总的样品组数和评价员数量应该是 6 的倍数。如果样品数量或评价员的数量不能实现 6 的倍数，也至少应该做到 2 个"A"、1 个"B"的样品组和 2 个"B"、1 个"A"的样品组的数量一致。每名评价员得到哪组样品也要随机安排。按照上述要求将样品编码，按照评价员的数量，将每名评价员得到的样品组先随机安排，做成工作表（表 2-3），在实际样品评价时按照工作表呈送样品，要求评价员按照给出的样品次序进行评价。三点检验的评价单可以是表 2-4 的形式。

表 2-3　　　　　　　　　　　　三点检验样品准备表

评价员	序列	编码			结果
1	BAB	560	319	346	
2	ABB	518	234	543	
3	BAA	478	216	278	
4	AAB	501	247	895	
5	ABA	876	666	411	
6	BBA	418	574	330	
7	BAB	255	114	386	
8	ABB	158	261	908	

续表

评价员	序列	编码			结果
9	BAA	371	479	945	
10	AAB	275	716	625	
11	ABA	599	382	911	
12	BBA	878	324	633	
13	BAB	309	152	575	
14	ABB	594	229	979	
15	BAA	245	510	493	
16	AAB	375	566	775	
17	ABA	148	538	549	
18	BBA	519	886	158	

日期：

样品	品种/剂量
A	
B	

表2-4 　　　　　　　　　　　　　　　三点检验评价单

测 试 表 格

请填写以下信息：

姓名：　　　　　　　　　　　　　　　　　　　日期：

员工编号：　　　　　　　　　　　　　　　　　座位号：

本次测试共1盘/3杯样品，请按下列表格中给出的顺序依次品尝不同编码的样品，3杯样品中有2杯是一样的，而另一杯则不一样，请选择出不一样的那杯样品，将结果依次填入下表中。

注意：

1. 请品尝足够的样品，以保持结果的准确性。

2. 品尝任一样品之前和之后，请记住用清水漱口，或食用少量的饼干（点心）以去除口中的余味。

盘号	品尝顺序			结果
1	560	319	346	

感谢您的参与。

5. 结果与分析

将各评价员正确选择的人数（x）计算出来，然后进行统计分析，比较两种产品间是否有显著性差异。

对三点检验，当样品间没有可觉察的差异时，评价员在进行选择时只能猜，因此做出正确选择的概率是1/3；而当评价员能够感觉到样品间的差异时，做出正确判断的概率将大于1/3，从而有统计假设：无效假设 H_0：$P=1/3$；被选假设 H_1：$P>1/3$。

根据统计假设，这是一个单尾检验。统计假设检验方法可以是二项检验或正态检验。

Roessler（1978）将三点检验显著性检验的临界值做成表，可以根据实验的结果直接查表 2-5 推断得到结论。根据实验确定的显著性水平 α（一般为0.05或0.01），评价小组中评价员的数量 n 可以查到相应的临界值 $x_{\alpha,n}$，如果实验得到的正确选择的人数 $x \geq x_{\alpha,n}$，表明比较的两种样品间有显著性差异；如果 $x < x_{\alpha,n}$，则比较的两个样品间没有显著性差异。

表 2-5　　　　　　　　　　三点检验显著性检验的临界值表

答案数目	显著水平 5%	显著水平 1%	显著水平 0.1%	答案数目	显著水平 5%	显著水平 1%	显著水平 0.1%	答案数目	显著水平 5%	显著水平 1%	显著水平 0.1%	答案数目	显著水平 5%	显著水平 1%	显著水平 0.1%
3	3	—		25	13	15	17	47	23	24	27	69	31	34	36
4	4	—	—	26	14	15	17	48	23	25	27	70	32	34	37
5	4	5	—	27	14	16	18	49	23	25	28	71	32	34	37
6	5	6	—	28	15	16	18	50	24	26	28	72	32	35	38
7	5	6	7	29	15	17	19	51	24	26	29	73	33	35	38
8	6	7	8	30	15	17	19	52	24	27	29	74	33	36	39
9	6	7	8	31	16	18	20	53	25	27	29	75	34	36	39
10	7	8	9	32	16	18	20	54	25	27	30	76	34	36	39
11	7	8	10	33	17	18	21	55	26	28	30	77	34	37	40
12	8	9	10	34	17	19	21	56	26	28	31	78	35	37	40
13	8	9	11	35	17	19	22	57	26	28	31	79	35	38	41
14	9	10	11	36	18	20	22	58	27	29	32	80	35	38	41
15	9	10	12	37	18	20	22	59	27	29	32	82	36	39	42
16	9	11	12	38	19	21	23	60	28	30	33	84	37	40	43
17	10	11	13	39	19	21	23	61	28	30	33	86	38	40	44
18	10	12	13	40	19	21	24	62	28	31	33	88	38	41	44
19	11	12	14	41	20	22	24	63	29	31	34	90	39	42	45
20	11	13	14	42	20	22	25	64	29	32	34	92	40	43	46
21	12	13	15	43	21	23	25	65	30	32	35	94	41	44	47
22	12	14	15	44	21	23	25	66	30	32	35	96	42	44	48
23	12	14	16	45	22	24	26	67	30	33	36	98	42	45	49
24	13	15	16	46	22	24	26	68	31	33	36	100	43	46	49

如果有效问答表数目大于 100，可以按下式计算扩展表 2-5 中的数值，当评价正确的答案数 $n \geqslant S$，说明在相应的显著性水平上存在差异：

$$S = 0.4714k\sqrt{N} + (2N+3)/6$$

式中　S——各显著水平下的数值；

　　　N——答案数目；

　　　k——常数，数值如下：

显著水平	5%	1%	0.1%
k	1.64	2.33	3.10

例：某饼干生产企业在产品开发中使用了两种不同品牌和价格的面粉，需要了解面粉品种对产品质量的影响。现有 12 名评价员，评价 24 份样品，结果如表 2-6 所示。

表 2-6　　　　　　　　　　　　24 份样品评价结果

产品组合	样本数 N	正解数 n	产品组合	样本数 N	正解数 n
BAB	4	3	ABA	4	2
ABB	4	2	BBA	4	3
BAA	4	2	合计	24	15
AAB	4	3			

查表 2-5 答案数目为 24 一栏，$\alpha = 5\%$ 时为 13，$\alpha = 1\%$ 时为 15，由于 $n = 15$，所以在 1% 显著水平上两种样品间有差异。

三、 五中取二检验

1. 应用领域与范围

五中取二检验（two out of five test）是检验两种产品间总体感官差异的一种方法，当可用的评价员人数比较少时，可以应用该方法。由于要同时评价 5 个样品，检验中受感官疲劳和记忆效应的影响比较大，一般只用于视觉、听觉和触觉方面的实验，而不用来进行气味或滋味的检验。

2. 方法

每名评价员同时得到 5 个样品，其中 2 个是相同的一种产品，另外 3 个是相同的另一种产品，要求评价员在品尝之后，将 2 个相同的产品选出来。从统计学上来讲，本检验中纯粹猜中的概率是 1/10，比三点检验的和二-三点检验猜中的概率低很多，所以五中取二检验的效率更高。

3. 评价员

评价员必须经过培训，一般需要的人数是 10~20 人，当样品之间的差异较大容易辨别时，5 人也可以。

4. 样品准备与呈送

同时呈送 5 个样品，其平衡的排列方式有如下 20 种：

$$AAABB \quad ABABA \quad BBBAA \quad BABAB$$

$$AABAB \quad BAABA \quad BBABA \quad ABBAB$$

$$ABAAB \quad ABBAA \quad BABBA \quad BAABB$$

$$BAAAB \quad BABAA \quad ABBBA \quad ABABB$$

$$AABBA \quad BBAAA \quad BBAAB \quad AABBB$$

如果要使得每个样品在每个位置被评价的次数相等，则参加实验的评价员数量应是 20 的倍数。如果评价员人数低于 20 人，样品呈送的次序可以从以上排列中随机选取，但含有 3 个 A 和含有 3 个 B 的排列数要相同。采用的评价单可以是表 2-7 的形式。

表 2-7　　　　　　　　　　　五中取二检验评价单

测 试 表 格

请填写以下信息：

姓名：　　　　　　　　　　　　　　　　　日期：

员工编号：　　　　　　　　　　　　　　　座位号：

本次测试共 1 盘 /5 杯样品，请按下列表格中给出的顺序依次品尝不同编码的样品，5 杯样品中，有 2 杯是同一组相同的样品，另外 3 杯是另一组相同的样品，请选出 2 杯相同的那一组样品，并在下面编码上画"√"。

注意：

1. 请品尝足够的样品，以保持结果的准确性。

2. 品尝任一样品之前和之后，请记住用清水漱口，或食用少量的饼干（点心）以去除口中的余味。

盘号	品尝顺序				
1	512	461	721	633	289

感谢您的参与。

---

5. 结果与分析

评价完成后，统计选择正确的人数，查表 2-8 得出结论。

表 2-8　　　　　　　　　五中取二检验法检验表（ α =5%）

评价员数 n	最少正答数 k	评价员数 n	最少正答数 k	评价员数 n	最少正答数 k
9	4	23	6	37	8
10	4	24	6	38	8
11	4	25	6	39	8
12	4	26	6	40	8

续表

评价员数 n	最少正答数 k	评价员数 n	最少正答数 k	评价员数 n	最少正答数 k
13	4	27	6	41	8
14	4	28	7	42	9
15	5	29	7	43	9
16	5	30	7	44	9
17	5	31	7	45	9
18	5	32	7	46	9
19	5	33	7	47	9
20	5	34	7	48	9
21	6	35	8	49	10
22	6	36	8	50	10

例：某糖果生产企业为了检查果葡糖浆质量的稳定性，使用了两个批次的原料分别生产，然后运用五中取二检验法对添加不同批次原料的两个产品进行评价。由 16 名评价员进行评价，共得到 16 张有效问答表，其中有 5 名评价员正确地区分出了 5 个样品的两种类型。查表 2-7 中 $n=16$ 一栏，发现 16 名评价员的最少正答数 $k=5$，与本次评价的结果相同，说明这两批果葡糖浆的质量在 5% 显著性水平有差异，即有 95% 的可能存在差异。

四、"A" – "非 A" 检验

"A" – "非 A" 检验不是最常用的方法，但在二–三点检验和三点检验不适宜使用时可用该方法。"A" – "非 A" 检验的结果只能表明评价员能否区别开两种样品。就像成对比较检验，不能表明差别的方向。换句话说，我们将只能知道样品可觉察到差异，但不知道样品在哪些性质上存在差异。

1. 应用领域与范围

"A" – "非 A" 检验本质上是一种顺序成对差别检验或简单差别检验。当实验者不能使两种类型产品有严格相同的颜色、形状或大小，但样品的颜色、形状或大小与研究目的不相关时，经常采用 "A" – "非 A" 检验。但是，在颜色、形状或大小上的差别必须非常微小，而且只有当样品同时呈现时差别才比较明显。如果差别不是很微小，评价员很可能将其记住，并根据这些外观差异作出他们的判断。

2. 方法

先将产品 A 呈送给评价员，评价员进行评价并熟悉产品的感官性质。收走 A 样品然后以随机的方式呈送给评价员一系列的 A 和差异较小的另外几种样品（非 A_1、非 A_2……），评价员评价后确定样品是 "A" 还是 "非 A"，在评价过程中可以将 A 再次呈送给评价员，以提醒评价员。

3. 评价员

评价员没有机会同时评价样品，他们必须根据记忆比较这两种样品，并判断它们是相似还是不同。因此，评价员必须经过训练，以理解评价单所要求的任务，但不需要接受特定感官性质的评价训练。评价员在测试开始之前要对明确标示为"A"和"非 A_1""非 A_2"……的样品进行训练。

4. 样品准备与呈送

样品以 3 位随机数字进行编码，一个评价员得到的相同样品应该用不同的随机数字编码。样品逐个以随机的方式或平衡的方式顺序呈送，但样品"A"和"非 A_1""非 A_2"……呈送的数量应该相同。评价单可以是表 2-9 的形式。

表 2-9   "A"−"非 A"检验评价单

测 试 表 格

请填写以下信息：

姓名：   日期：

员工编号：   座位号：

请先熟悉样品"A"与样品"非 A"，然后将其还给工作人员。按照顺序依次品尝分发的样品，并在相应的表格中画"√"。

注意：

1. 请品尝足够的样品，以保持结果的准确性。

2. 品尝任一样品之前和之后，请记住用清水漱口，或食用少量的饼干（点心）以去除口中的余味。

样品编码	A	非 A
379		
254		
621		
853		

感谢您的参与。

---

5. 结果与分析

对检验结果进行统计，填入表 2-10，用 χ^2 检验进行结果的统计分析。

表 2-10   检验判别统计表

判别	样品"A"	样品"非 A"	累计
判别为"A"的数量	n_{11}	n_{12}	n_{1j}
判别为"非 A"的数量	n_{21}	n_{22}	n_{2j}
累计	n_{j1}	n_{j2}	n

表 2-10 中，n_{11} 是样品为 "A"，评价员也判断为 "A" 的回答总数；n_{22} 是样品为 "非 A"，评价员也判断为 "非 A" 的回答总数；n_{21} 是样品为 "A"，评价员判断为 "非 A" 的回答总数；n_{12} 是样品为 "非 A"，评价员判断为 "A" 的回答总数。n_{ij}（$i = 1$，2；$j = 1$，2）为相应的行或列回答数的和。

检验结果用 χ^2 的计算来进行判断。当回答总数 $n \leqslant 40$ 或 n_{ij}（$i = 1$，2；$j = 1$，2）$\leqslant 5$ 时，χ^2 统计量为：

$$\chi^2 = \frac{[\mid n_{11} \times n_{22} - n_{12} \times n_{21} \mid - (n/2)]^2 \times n}{n_{j1} \times n_{j2} \times n_{1i} \times n_{2i}}$$

当回答总数 $n > 40$ 和 n_{ij}（$i = 1$，2；$j = 1$，2）> 5 时，χ^2 统计量为：

$$\chi^2 = \frac{(n_{11} \times n_{22} - n_{12} \times n_{21})^2 \times n}{n_{j1} \times n_{j2} \times n_{1i} \times n_{2i}}$$

将 χ^2 统计量与 χ^2 分布临界值（附录二）比较，如果 $\chi^2 \geqslant 3.84$，则认为 "A" 与 "非 A" 样品在 5% 显著性水平有差异；如果 $\chi^2 \geqslant 6.63$，则认为 "A" 与 "非 A" 样品在 1% 显著性水平有差异。

例：由 15 位优选评价员区别两种使用了不同甜味剂的冰淇淋，每位评价员评价 5 个 "A" 和 5 个 "非 A"，得到表 2-11：

表 2-11　　　　　　　　　　　检验判别统计表

判别	样品 "A"	样品 "非 A"	累计
判别为 "A" 的数量	40	36	76
判别为 "非 A" 的数量	35	39	74
累计	75	75	150

因为 $n = 150 > 40$ 和 $n_{ij} > 5$，因此：

$$\chi^2 = \frac{(n_{11} \times n_{22} - n_{12} \times n_{21})^2 \times n}{n_{j1} \times n_{j2} \times n_{1i} \times n_{2i}}$$

$$= \frac{(40 \times 39 - 35 \times 36)^2 \times 150}{76 \times 74 \times 75 \times 75}$$

$$= 0.427 < 3.84$$

所以，这两种冰淇淋总体没有显著性差异。

五、 两两分组检验

1. 应用领域与范围

两两分组检验（tetrad），也称四点检验，是近几年开始使用的一种差别检验方法，这种方法操作简单，可以快速得到结果。该方法与三点检验类似，仅能从整体上确定 2 种样品之间是否存在可察觉的差异，并不能指明差异大小和差异方向。

两两分组检验几乎可以在任何场合代替三点检验使用，研究表明两两分组检验的统计学可信度要高于三点检验，因此可以使用比三点检验更小的样本量，即更少的评价员。

因为评价员要对 4 个样品进行比较，更容易发生疲劳，对于刺激强的产品，和刺激持续时间比较长的样品，则应避免使用两两分组检验。

2. 方法

每次同时呈送给评价员 4 个样品，其中 2 个是 A，另外 2 个是 B，并且告诉评价员 4 个样品有 2 种，每一种有 2 个重复，评价员按照呈送的样品次序进行评价，要求评价员将相同的 2 个样品分为一组，共分 2 组。两两分组检验是一种必选检验方法。即必须选择一个答案，不可以做出无差别的回答。两两分组检验采用 3 位随机数字进行样品的编码。

3. 评价员

两两分组检验的可信度优于三点检验，其评价员人数推荐 24 人以上，同样也是越多越好。

4. 样品准备与呈送

两两分组检验中，对于比较的两个样品 A 和 B，每组的 4 个样品有 6 种可能的排列次序：

AABB　ABAB　ABBA　BBAA　BABA　BAAB

在进行评价时，要使得每个样品在每个位置上安排的次数相同，所以，总的样品组数和评价员数量应该是 6 的倍数。每个评价员得到哪组样品也要随机安排。按照上述要求将样品编码，按照评价员的数量，将每个评价员得到的样品组先随机安排，制作成工作表（同表 2-3），在实际样品评价时按照工作表呈送样品，要求评价员按照给出的样品次序进行评价。两两分组检验的评价单可以是表 2-12 的形式。

表 2-12　　　　　　　　　　　　两两分组检验评价单

测 试 表 格

请填写以下信息：

姓名：　　　　　　　　　　　　　　　　　　　日期：

员工编号：　　　　　　　　　　　　　　　　　座位号：

本次测试共 1 盘/4 杯样品，请按下列表格中给出的顺序依次品尝不同编码的样品，4 杯样品中有 2 杯是一种产品，而另两杯是另一种产品，请将它们两两分开，把相同的产品分在一组。

注意：

1. 请品尝足够的样品，以保持结果的准确性。
2. 品尝任一样品之前和之后，请记住用清水漱口，或食用少量的饼干（点心）以去除口中的余味。

盘号	品尝顺序 1			
1	247	359	762	626

结果：

第一组		第二组	

感谢您的参与。

---

5. 结果与分析

测试结束后统计正确回答人数，可以查表 2-5 进行推断得到结论。

六、 *R* 指数检验

1. 应用领域与范围

对于原料、加工工艺、包装或贮藏条件发生变化，确定产品感官特征是否发生变化时，*R*指数检验是一个有效的方法。*R*指数检验可能发生在产品开发、工艺开发、产品匹配、质量控制等过程中。*R*指数检验也可以用于对评价员的选择。

2. 方法

*R*指数检验先呈送给评价员 1 个参照样，之后每次呈送给评价员 1 个测试样品，其中参照样也作为测试样呈送一次，也可以同时呈送给评价员若干样品，但需要保证评价员在后续评价过程中仍有足够的对照样可以参考，且对照样不会因为时间推移而产生变化（如温度变化等）。

3. 样品准备与呈送

评价员按照呈送的样品次序进行评价，要求评价员选以参照样为参照进行比较，对其他样品做出从肯定一样到肯定不一样的选择（选项可以有 4 个或者 6 个）。*R*指数检验是一种必选检验方法。*R*指数检验涉及标准参照样，并且会因为参照样与测试样之间的差异大小和评价员主观判断而产生大小不一的噪声，因此一般要求参与测试的人数至少在 40 人以上。

*R*指数检验的评价单可以是表 2-13 的形式。

表 2-13　　　　　　　　　　　　*R*指数检验评价单

测 试 表 格

请填写以下信息：

姓名：　　　　　　　　　　　　　　　　　　日期：

员工编号：　　　　　　　　　　　　　　　　座位号：

1. 首先请您品尝一下您面前的参照样品，熟悉并记忆其味道。
2. 请在"样品编码"后面的横线上填入测试样品的编码。
3. 请您品尝该测试样品。
4. 请您将该样品的味道与参照样品的口味作对比。
5. 用以下的定义来衡量你所感受到的样品与参照样的差异，并在相应的方格内画"√"。

样品	与参照样一样，我很肯定	与参照样比较像，但我不很确定	与参照样好像一样，我不知道，是猜的	与参照样好像不一样，我不知道，是猜的	与参照样不太像，但我不很确定	与参照样不一样，我很肯定
样品 1						
样品 2						
样品 3						
样品 4						

如果你选"与参照样不一样，我很肯定"请说明原因：_____

谢谢您的参与。

4. 结果与分析

R 指数检验结果处理时按照表 2-14 统计每个样品在每个选项的得分，即回答响应数量。作为盲样的对照也需要统计。

表 2-14　　　　　　　　　　　　R 指数检验结果记录表

项目	相同			不同		
产品	与参照样一样，我很肯定	与参照样比较像，但我不很确定	与参照样好像一样，我不知道，是猜的	与参照样好像不一样，我不知道，是猜的	与参照样不太像，但我不很确定	与参照样不一样，我很肯定
参照样（盲样）	a	b	c	d	e	f
样品	g	h	i	j	k	l

通过查表 2-15，计算 R 临界值 =（50+Δ）%，Δ 为表中读数。

如果 R 的计算值 > R 的临界值，则推出样品之间有显著性差异。

表 2-15　　　　　　　　　　R 指数（排序）　检验临界值表

α 单尾	0.2	0.1	0.05	0.025	0.01	0.005	0.001
α 双尾	0.4	0.2	0.1	0.05	0.02	0.01	0.002
5	19.39	26.98	31.76	35	37.91	39.49	41.98
6	17.61	24.86	29.63	32.96	36.05	37.76	40.51
7	16.25	23.18	27.87	31.24	34.43	36.23	39.18
8	15.16	21.8	26.4	29.76	33.02	34.88	37.98
9	14.26	20.64	25.14	28.48	31.76	33.67	36.88
10	13.51	19.64	24.04	27.35	30.64	32.57	35.88
11	12.86	18.78	23.07	26.34	29.63	31.58	34.95
12	12.3	18.02	22.22	25.44	28.71	30.67	34.08
13	11.8	17.35	21.45	24.62	27.88	29.83	33.28
14	11.37	16.75	20.75	23.88	27.11	29.07	32.54
15	10.97	16.2	20.12	23.2	26.4	28.35	31.84
16	10.62	15.71	19.55	22.58	25.75	27.69	31.18
17	10.29	15.26	19.02	22	25.14	27.07	30.57
18	10	14.84	18.53	21.47	24.57	26.49	29.99
19	9.73	14.46	18.07	20.97	24.04	25.95	29.44
20	9.48	14.1	17.65	20.5	23.54	25.44	28.92
21	9.25	13.77	17.26	20.07	23.07	24.96	28.42
22	9.03	13.47	16.89	19.66	22.63	24.5	27.95
23	8.83	13.18	16.55	19.28	22.22	24.07	27.51

续表

α 单尾	0.2	0.1	0.05	0.025	0.01	0.005	0.001
α 双尾	0.4	0.2	0.1	0.05	0.02	0.01	0.002
24	8.64	12.91	16.22	18.92	21.82	23.66	27.08
25	8.47	12.65	15.91	18.57	21.45	23.27	26.68
26	8.3	12.41	15.62	18.25	21.09	22.9	26.29
27	8.14	12.19	15.35	17.94	20.75	22.54	25.91
28	7.99	11.97	15.09	17.65	20.43	22.21	25.56
29	7.85	11.77	14.84	17.37	20.12	21.88	25.21
30	7.72	11.58	14.61	17.1	19.83	21.57	24.89
31	7.59	11.39	14.38	16.85	19.55	21.28	24.57
32	7.47	11.22	14.17	16.6	19.28	20.99	24.26
33	7.36	11.05	13.96	16.37	19.02	20.72	23.97
34	7.25	10.89	13.76	16.15	18.77	20.46	23.69
35	7.14	10.73	13.57	15.93	18.53	20.2	23.41
36	7.04	10.59	13.39	15.72	18.3	19.96	23.15
37	6.95	10.44	13.22	15.53	18.08	19.72	22.89
38	6.85	10.31	13.05	15.33	17.86	19.5	22.65
39	6.76	10.18	12.89	15.15	17.65	19.28	22.41
40	6.68	10.05	12.74	14.97	17.45	19.07	22.18
45	6.29	9.48	12.03	14.17	16.55	18.1	21.11
50	5.97	9	11.44	13.48	15.77	17.27	20.19
55	5.69	8.59	10.92	12.89	15.09	16.54	19.38
60	5.45	8.23	10.47	12.36	14.49	15.9	18.66
65	5.23	7.91	10.07	11.9	13.96	15.32	18.02
70	5.04	7.62	9.71	11.48	13.48	14.81	17.43
75	4.87	7.37	9.39	11.11	13.05	14.34	16.9
80	4.71	7.14	9.1	10.77	12.66	13.92	16.42
85	4.57	6.92	8.83	10.46	12.3	13.53	15.97
90	4.44	6.73	8.59	10.17	11.97	13.17	15.56
95	4.32	6.55	8.36	9.91	11.67	12.84	15.18
100	4.21	6.39	8.16	9.66	11.38	12.53	14.83

七、 与对照的差别检验

与对照的差别检验（difference from control），也称差异程度测试（degree of difference test，

DOD），由 Aust 等于 1985 年建立。在这种方法中，呈送给评价员一个对照样和一个或几个待测样，并告知评价员，待测样中的某些样品可能和对照样是一样的，要求评价员定量地给出每个样品与对照的差异程度。

1. 应用领域与范围

用这一测试可以测定的目标是两个：①可以测定一个及多样品与对照样品之间的差异是否存在；②估计这些差异的大小，一般将其中一个样品设定为"标准样或对照样"，而评价所有其他样品与对照差异程度的大小。

与对照的差异测试用于样品间存在可以检测到的差异，但测定目标主要是通过样品间差异的大小来做决策的情形，如在进行质量保证、质量控制、货架寿命实验等研究时，不仅要确定产品间是否有差异，还希望知道差异的程度。该方法对于那些由于产品本身的不均一性而使得三点检验、二-三点检验不适合使用时，如肉制品、焙烤制品等，采用本方法更适合。

2. 方法

呈给每个评价员一个对照样、一个或几个待测样（其中包括对照样，作为盲样），要求评价员通过一个差异程度尺度评出各样品与对照间的差异大小。评价过程中，让评价员知道这些样品中有些与对照样是相同的，评价结果通过各样品与对照间差异的结果来进行统计分析，比较产品与对照间的差异显著性。其评价单如表 2-16 所示。

表 2-16　　　　　　　　　　　与对照的差别检验评价单

测 试 表 格

请填写以下信息：

姓名：　　　　　　　　　　　　　　　　　　日期：

员工编号：　　　　　　　　　　　　　　　　座位号：

您将评价 2 个样品，其中标记为"R"的是对照样品，另一个是待测样。评价这两个样品，并用如下尺度表示待测样与对照样之间的差异程度，在您认为最能表达与对照样间差异程度的尺度值处画"√"。

注意：

1. 请品尝足够的样品，以保持结果的准确性。

2. 品尝任一样品之前和之后，请记住用清水漱口，或食用少量的饼干（点心）以去除口中的余味。

样品编码：237

0	1	2	3	4	5	6	7	8	9
没有 差异									极大的 差异

感谢您的参与。

3. 评价员

由于评价员对样品的主观评分会导致盲样与标样的偏离，从而产生一定的噪声，因此该检验需要较多的样本量，一般需要 20~50 名评价员。评价员可以是经过训练的，也可以是未经训练的，但评价分组不能是两类评价员的结合。所有评价员均应该熟悉测定形式、尺度的意义、评价的编码、样品中有作为盲样的对照样。

4. 样品准备与呈送

如果可能，将样品同时呈给评价员，包括标志出来的对照样、其他待评的编码样品和编码的盲样（对照样）。将一个对照样标志出来（"R"，明确告知评价员该样品为对照样），每名评价员给一个，其他的对照则编码以样品形式给出。如果测试的样品比较复杂，产品不均一或者对比时容易发觉差异，或者品尝样品容易产生适应，则每次评价中对任何评价员都只能给一对样品。

使用的尺度可以是类别尺度、数字尺度或线性尺度，类别尺度可以是如下形式（表 2-17）：

表 2-17　　　　　　　　　　　与对照的差别检验尺度表

词语类别尺度	数字类别尺度	词语类别尺度	数字类别尺度
无差异	0=无差异	差异大	5
极小的差异	1	极大的差异	6
较小的差异	2		7
中等的差异	3		8
较大的差异	4		9=极大的差异

如果使用词语类别尺度，在进行结果分析时要将其转换成相应的数值。

5. 结果与分析

计算各个样品与空白对照样差异的平均值，然后用方差分析（如果仅有一个样品则可以用成对 t 检验）进行统计分析以比较各样品间的差异显著性。

注：成对 t 检验即配对 t 检验，是单样本 t 检验的特例。配对 t 检验：是采用配对设计方法观察以下几种情形：①配对的两个受试对象分别接受两种不同的处理；②同一受试对象接受两种不同的处理；③同一受试对象处理前后的结果进行比较（即自身配对）；④同一对象的两个部位给予不同的处理（具体可以参阅数理统计 t 检验章节，在实际情况中很少用到）。

例：某公司开发出两种新的烘焙油（产品 W、T），研发人员想知道两种新的产品在高温烘焙之后与原有产品之间的差异程度，采用 DOD 评价。

使用 42 名评价员，实验由 3 种油烘焙同样配方的蛋糕，让评价员品尝，一次评价 2 个样品，评价 3 次，每组样品中对照的均标志出来（R），待评产品有 3 个数字的随机数字编码，在（C-C）的组合中，对照盲样也用随机数字编码。样品对的组合如下：

对照与产品 W（C-W）

对照与产品 T（C-T）

对照与对照（C-C）

结果分析：42 名评价员的评价结果见表 2-18。

表2-18　　　　　　　　　　　　　　样品 W、T 与对照差别评价结果

评价员	对照	产品 W	产品 T	和 T_B	评价员	对照	产品 W	产品 T	和 T_B
1	1	4	5	10	23	3	5	6	14
2	4	6	6	16	24	4	6	6	16
3	1	4	6	11	25	0	3	3	6
4	4	8	7	19	26	2	5	1	8
5	2	4	3	9	27	2	5	5	12
6	1	4	5	10	28	2	6	4	12
7	3	3	6	12	29	3	5	6	14
8	0	2	4	6	30	1	4	7	12
9	6	8	9	23	31	4	6	7	17
10	7	7	9	23	32	1	4	5	10
11	0	1	2	3	33	3	5	5	13
12	1	5	6	12	34	1	4	4	9
13	4	5	7	16	35	4	6	5	15
14	1	6	5	12	36	2	3	6	11
15	4	7	6	17	37	3	4	6	13
16	2	2	5	9	38	0	4	4	8
17	2	6	7	15	39	4	8	7	19
18	4	5	7	16	40	0	5	6	11
19	0	3	4	7	41	1	5	5	11
20	5	4	5	14	42	3	4	4	11
21	2	3	3	8	和（T_A）	100	200	226	526
22	3	6	7	16	平均值	2.4	4.8	5.4	

采用两向分组（样品、评价员）无重复资料的方差分析方法。平方和与自由度的分解时，先计算各样品及评价员的评价值和（T_A，T_B）、总和（T），各变异来源的平方和及自由度计算如下面各公式。

如果以 a，b 分别表示样品和评价员的数量，x_{ij} 表示各评价值，有：

矫正数：$C = T^2/ab = 526^2/3 \times 42 = 2195.841$

总平方和：$SS_T = \sum_{i=1}^{a} \sum_{j=1}^{a} x_{ij}^2 - C = (1^2 + 4^2 + 5^2 + \cdots + 4^2) - C = 548.159$

$v_T = ab - 1 = 3 \times 42 - 1 = 125$

样品平方和：$SS_A = \dfrac{1}{b} \sum_{i=1}^{a} T_A^1 - C = \dfrac{1}{42} (100^2 + 200^2 + 226^2) - C = 210.730$

$v_A = a - 1 = 3 - 1 = 2$

评价员平方和：$SS_B = \dfrac{1}{a} \sum_{j=1}^{a} T_B^2 - C = \dfrac{1}{3} (10^2 + 16^2 + \cdots + 11^2) - C = 253.492$

$\nu_B = b-1 = 42-1 = 41$

误差平方和：$SS_e = SS_T - SS_A - SS_B = 83.937$

$\nu_e = (a-1)(b-1) = 82$

方差分析结果见表 2-19。

表2-19　　　　　　　　　　　　　　　结果方差分析

变异来源	自由度（ν）	平方和（SS）	均方（MS）	F	F临界值
样品间	2	210.730	105.365	102.93	$F_{0.01,2,82} = 4.874$
评价员间	41	253.492	6.183	6.04	$F_{0.01,41,82} = 1.835$
误差	82	83.937	1.024		
总和	125	548.159			

计算的 F 值进行显著性检验时，查 F 临界值表相应自由度下的 F 临界值。本例中分子的自由度分别为 2、41，分母自由度为 82，但表中没有列出相应自由度下的临界值，此时可以用 Excel 软件进行计算。在 Excel 表的单元格中插入 F 临界值的计算函数（FINV），给出相应的显著性水平和自由度，则得到临界值。本例显著性水平 $\alpha = 0.01$，在 Excel 表的单元格中分别插入 "=FINV（0.01，2，82）""=FINV（0.01，41，82）" 回车即得到相应临界值（表 2-19）。

方差分析表明，评价员间也表现出极显著性差异，表明评价员间使用尺度的方式有差异，但方差分析时将评价员间的变异分离出来，不影响样品间的比较。样品间的 F 值达到极显著水平，因此 3 个样品间有极显著性差异。采用最小显著性差异法（LSD 法）进行样品间平均数的比较：

$$LSD_\alpha = t_{\alpha,\nu_e}\sqrt{\frac{2MS_E}{b}} = 1.99 \times \sqrt{\frac{2 \times 1.024}{42}} = 0.44$$

式中　t_{α,ν_e}——误差自由度、显著性水平为 α 时的 t 临界值；

　　　MS_E——误差均方差；

　　　b——一个样品重复评价的次数，本例中即为评价员数。

本例 $\alpha = 0.05$，误差自由度 $\nu_e = 82$，查 t 值表得 $t_{0.05,82} = 1.99$，计算得 $LSD_{0.05}$ 值为 0.44。将待评价的两个样品分别与对照比较，如果二者平均数差值的绝对值大于或等于 $LSD_{0.05}$，表明比较的样品间有显著性差异。在本例中，分别计算产品 W 和产品 T 的平均值与对照样平均值的差值，与 $LSD_{0.05}$ 比较：

产品W 与对照比较：∣4.8-2.4∣= 2.4>$LSD_{0.05}$ = 0.44

产品 T 与对照比较：∣5.4-2.4∣= 3.0>$LSD_{0.05}$ = 0.44

因此得出待评价的两个样品与对照间有显著性差异。

八、　R 指数排序检验

1. 应用领域与范围

R 指数排序检验类似排序检验，但所有样品都需要与参照样比较，排序检验是对样品的某个特征进行强弱程度的排序，R 指数排序检验则是将样品与参照进行比较，按照接近程度进行排序。在 R 指数检验中，可以同时呈送所有样品，也可以一对一对呈送样品，但在 R 指数排序检验中必须将所有样品同时呈送。在排序过程中，样品不可以出现同秩，因为 R 指数排序检验采用与 R 指数检验相同的数据处理方法。R 指数排序检验的适用范围与 R 指数检验类似，但是一般不用于评价员的筛选。

2. 方法与步骤

R 指数检验先呈送给评价员一个参照样，之后将需要测试的所有样品同时呈送给评价员，其中包含一个参照样也作为盲样，评价员以此评价样品，与参照进行比较，按照接近程度进行排序。R 指数排序检验的评价单可以是表 2-20 的形式。

表 2-20   R 指数排序检验评价单

测 试 表 格

请填写以下信息：

姓名：   日期：

员工编号：   座位号：

注意：

1. 首先请您品尝一下您面前的参照样品，熟悉并记忆其味道。

2. 请您依次品尝测试样品。

3. 请您将测试样品的味道与参照样品的口味作对比。

4. 按照与参照样品的接近程度将测试样品排序。在样品编码下写上排序序号，1 为最接近，数字越大区别越大，不可以排同样的序号。

样品	279	463	542	318	366	740
排序						

谢谢您的参与。

---

3. 结果与分析

R 指数排序检验结果处理时按照表 2-21 统计每个样品在每个秩序的计数，即回答响应数量。作为盲样的对照也需要统计。计算方法与 R 指数检验一致。

表 2-21   R 指数排序检验结果统计表

项目	排序					
	1	2	3	4	5	6
参照样（盲样）	a	b	c	d	e	f
样品	g	h	i	j	k	

如果 $\lvert R \times 100 - 50 \rvert - \Delta \geq 0$，样品之间有显著性差异，反之则没有显著性差异，$\Delta$ 为表 2-14

中读数单尾 α 条件下的读数。

第二节　特性差别检验

特性差别检验是有方向、有目标地检验产品，是在测试时指定比较产品的某个特性，检验在这个特性上产品之间是否有可以感觉出的差异。其方法主要包括成对比较检验、排序检验、评分检验、分组检验等。

感官性质的特性差别检验（attribute difference tests）是测定两个或多个样品之间某一特定感官性质差别，如甜度、苦味强度等，在进行评价时要确定评价的感官性质。但应该注意的是，如果两个样品所评价的感官性质不存在显著性差异，并不表示两个样品没有总体差异，也可能其他感官性质有差异。

一、成对比较检验

成对比较检验（paired comparison test）也称两点检验，或者 2 项必选测试，即 2-AFC（2-alternative forced choice）测试，是最早出现的感官评价方法之一。

1. 应用领域与范围

成对比较检验是最简便、应用最广泛的差别检验方法。如果要确定两个样品（A 和 B）间某个特定的感官性质是否有差异，如哪个样品更甜（酸）等感官性质，可采用成对比较检验。其可以应用于产品和工艺开发、质量控制等方面，也常于决定是否使用更为复杂方法之前使用。

成对比较检验的分为 8 种检验类型，分别是单尾差异检验、双尾差异检验、单尾相似检验、双尾相似检验、单尾偏爱差异检验、双尾偏爱差异检验、单尾偏爱相似检验和双尾偏爱相似检验。该方法优缺点明显，优点是操作简单，不易产生疲劳，适用于刺激性较强或者刺激持续时间较长的样品；缺点是每次检验只能测试两个样品，如果样品数量增多，则会需要及大量的比较。

注：差别检验根据测试目的的不同可以分为差异检验和相似检验，二者之间没有本质的差别，方法也是一样的，但是要求不一样。差异检验其目的是检验两个样品是否存在可察觉的差异，相似检验是确定两个样品之间是否无限接近（相似），而不被察觉出存在区别。比较而言，相似检验要求更加严格。简单而言，两个样品不存在显著性差异，并不表示两个样品显著性相似，显著性差异和显著性相似都需要计算得到。这是一种程度上的比较，因此使用相同的检验方法，相似检验需要更大的样本量。

2. 方法

将两个样品同时呈送给评价员，评价员从左向右评价样品规定的感官性质，然后作出选择。一般情况下要求评价员一定要作出选择，如果感觉不到差异可以猜测，不允许作出"没有差别"的判断，因为这样会给结果的统计分析带来困难。采用的评价单可以是表 2-22 的形式。

表 2-22　　　　　　　　　　　　　　　成对比较检验评价单

测 试 表 格

请填写以下信息：

姓名：　　　　　　　　　　　　　　　　　　　日期：

员工编号：　　　　　　　　　　　　　　　　　座位号：

甜味品尝：

1. 请品尝足够的样品以便你能准确地判断样品之间甜味的差异。

2. 请按下列表格中给出的顺序依次品尝不同编号的样品（从左到右），而不是盘子里样品的顺序。

3. 品尝任一样品之前和之后，请记住用清水漱口，或食用少量的饼干（点心）以去除口中的余味。一旦您的嘴巴感觉恢复正常，请继续品尝下一个样品。

4. 请集中注意力只品尝甜味，请在你感觉更甜的样品号码处画"√"。

846	913

感谢您的参与。

---

3. 评价员

因为该方法很容易操作，因此没有受过培训的人可以参加实验，但是他们必须熟悉要评价的感官性质。如果要评价的是某项特殊性质，则要使用受过培训的评价员。一般差异检验需要 24~30 人，相似检验的人数应当翻倍，建议使用 60 人。测试前需要根据样品的特点选择采用单尾检验还是双尾检验。

4. 样品准备与呈送

同时呈送两个样品，样品可能的排列顺序有 AB、BA，两种排列顺序的数量相同，各评价员得到哪组样品应该随机。

5. 结果与分析

成对比较差异检验的统计分析采用二项分布进行检验，计算正确回答的人数（x），在规定的显著性水平 α 下查到临界值（$x_{\alpha,n}$），将正确选择的人数与表中临界值比较，如果 $x \geqslant x_{\alpha,n}$，表明比较的两个产品在 α 水平上该感官性质有差异；如果 $x < x_{\alpha,n}$，表明比较的两种产品的感官性质没有差异。

在成对比较差异检验中有单尾检验和双尾检验的差别，如果在实验之前对两种产品所评价的感官性质差异的方向没有预期，即实验之前在理论上不可能预期哪个样品的感官性质更强，采用双尾检验，此时称为无方向性成对比较检验。相反，如果实验之前对两个产品所评价的感官性质差异的方向有预期，即实验之前在理论上可预期哪个样品的感官性质更强，在进行统计假设时，一般无效假设为两个样品的强度无差异，而 H_1 假设为其中一个比另一个强，采用单尾检验，这种方法也称为方向性成对比较检验。采用双尾和单尾检验时统计假设不同，因此比较的临界值也不相同，分别是表 2-23 成对比较检验（双边）法检验表和表 2-24 两点差别检验法检验表，根据假设查单尾或双尾临界值，作出推论。

表2-23　　　　　　　　　　成对比较检验（双边）法检验临界值表

答案数目	不同显著水平所需每个样品答案最少数			答案数目	不同显著水平所需每个样品答案最少数			答案数目	不同显著水平所需每个样品答案最少数		
	5%	1%	0.1%		5%	1%	0.1%		5%	1%	0.1%
7	7	—	—	24	18	19	21	41	28	30	32
8	8	8	—	25	18	20	21	42	28	30	32
9	8	9	—	26	19	20	22	43	29	31	33
10	9	10	—	27	20	21	23	44	29	31	34
11	10	11	11	28	20	22	23	45	30	32	34
12	10	11	12	29	21	22	24	46	31	33	35
13	11	12	13	30	21	23	25	47	31	33	36
14	12	13	14	31	22	24	25	48	32	34	36
15	12	13	14	32	23	24	26	49	32	34	37
16	13	14	15	33	23	25	27	50	33	35	37
17	13	15	16	34	24	25	27	60	39	41	44
18	14	15	17	35	24	26	28	70	44	47	50
19	15	16	17	36	25	27	29	80	50	52	56
20	15	17	18	37	25	27	29	90	55	58	61
21	16	17	19	38	26	28	30	100	61	64	67
22	17	18	19	39	27	28	31				
23	17	19	20	40	27	29	31				

表2-24　　　　　　　　　　两点差别检验法检验表

答案数目	不同显著水平所需每个样品答案最少数			答案数目	不同显著水平所需每个样品答案最少数			答案数目	不同显著水平所需每个样品答案最少数		
	5%	1%	0.1%		5%	1%	0.1%		5%	1%	0.1%
<4	—	—	—	12	10	11	12	20	15	16	18
5	5	—	—	13	10	12	13	21	15	17	18
6	6	—	—	14	11	12	14	22	16	17	19
7	7	7	—	15	12	13	14	23	16	18	20
8	7	8	—	16	12	14	15	24	17	19	20
9	8	9	—	17	13	14	16	25	18	19	21
10	9	9	10	18	13	15	17	26	18	20	22
11	9	10	11	19	14	16	17	27	19	20	22

续表

答案数目	不同显著水平所需每个样品答案最少数			答案数目	不同显著水平所需每个样品答案最少数			答案数目	不同显著水平所需每个样品答案最少数		
	5%	1%	0.1%		5%	1%	0.1%		5%	1%	0.1%
28	19	21	23	38	25	27	29	48	31	33	36
29	20	22	24	39	26	28	30	49	31	34	36
30	20	22	24	40	26	28	31	50	32	34	37
31	21	22	25	41	27	29	31	60	37	40	43
32	22	24	26	42	27	29	32	70	43	46	49
33	22	24	26	43	20	30	32	80	48	51	55
34	23	25	27	44	28	31	33	90	54	57	61
35	23	25	27	45	29	31	34	100	59	63	66
36	24	26	28	46	30	32	34				
37	24	27	29	47	30	32	35				

二、排序检验

排序检验（ranking test）可以同时比较多个样品间某一特定感官性质（如甜度、风味强度等）的差异。排序检验是进行多个样品性质比较的最简单的方法，但得到的数据是一种性质强弱的顺序（秩次），不能提供任何有关差异程度的信息，两个位置相邻的样品无论差别非常大还是仅有细微差别，都是以一个秩次单位相隔。排序检验比其他方法更节省时间，尤其当样品需要为下一步的实验预筛选或预分类时，这种方法显得非常有用。

1. 随机区组设计

（1）应用领域与范围　当要比较多个样品特定感官性质差异时，样品数量较少，如3～8个，且刺激不太强、不容易发生感官适应时，可以采用随机区组设计方案。此时，将评价员看成是区组，每个评价员评价所有的样品，各评价员得到的样品以随机或平衡的次序呈送，即是随机完全区组设计或随机区组设计。

（2）方法　样品以3位随机数字编码，以平衡或随机的顺序将样呈送给评价员，要求评价员按照规定的感官性质强弱将样品进行排序，计算秩次和，采用Friedman秩和检验对数据进行统计分析。评价单可以是表2-25的形式。

（3）评价员　对评价员进行筛选、培训，评价员应该熟悉所评性质、操作程序，具有区别性质细微差别的能力。参加评价的评价员人数不得少于8人，如果在16人以上，效果会得到明显提高。

（4）样品准备与呈送　以平衡或随机的顺序将样品同时呈送给评价员，评价员根据要评价的感官性质的强弱将样品进行排序。如果有 n 个样品，用1、2、…、n 的数字表示样品的排列顺序，一般情况下，1表示最弱，n 表示最强。如果对相邻两个样品的次序无法确定，一般要求强制确定顺序，可以是猜测的顺序。如果项目设置时可以接受同秩，那么也可以让评价员将无法确定顺序的样品放在相同的秩序上，统计时按照同秩计算（如两种产品并列在第2位，实际占据2、3两个秩序，则两种产品分别记为2.5）。一次评价只能评价一个感官性质。

表2-25   排序检验评价单

测 试 表 格

请填写以下信息：

姓名：   日期：

员工编号：   座位号：

本次测试共1盘样品，5份/盘，请按任意顺序品尝各样品，并根据您所品尝的口味强烈程度依次填写编码于对应的表格中。1~5口味依次增大。

注意：

1. 本次测试一份样品需排列两次。
2. 请品尝足够的样品，以保持结果的准确性。
3. 品尝任一样品之前和之后，请记住用清水漱口，以去除口中的余味。

（新鲜感）

样品描述	1	2	3	4	5
样品编码					

感谢您的参与。

（5）结果与分析

①收集每位评价员的评价单，将评价单中的样品编码进行解码，变为每个样品的排序结果，填入表2-26，1~n的顺序表示喜好程度的顺序。其中，1表示最喜欢，n表示最不喜欢。

表2-26   排序测试结果记录表

评价员	评价员					
	1	2	3	...	...	n
1						
2						
...						
n						

②计算每个样品的排列名次（秩次）数的和，如果评价员的排序结果有相同评秩时，则取平均秩。

③采用Friedman秩和检验，分析评价的几个样品感官性质是否有显著性差异。Friedman F 统计量：

$$F = \frac{12}{bt\,(t+1)} \sum_{j=1}^{t} R_j^2 - 3b\,(t+1)$$

式中　b——评价员数量；

t——样品数量；

R_j——样品 j 的秩次和。

评价员区分不出某两样品之间的差别时，也可以允许将这两种样品排定同一秩次，这时在计算统计量 F 时要进行校正，用 F' 代替 F：

$$F' = \frac{F}{1 - \{E/\,[\,bt\,(t^2-1)\,]\,\}}$$

式中，E 值用此公式计算得出：

令 n_1、n_2、$\cdots$、n_b 为各评价员出现相同评秩的样品数，则：

$$E = \sum_{i}^{b} (n_i^2 - n_i)$$

查表 2-27（F 临界值表），将 F 值或 F' 值与表中相应的临界值比较。若 F 值大于或等于对应于 b、t、α 的临界值，表明样品之间有显著性差异；若小于相应临界值，则表明样品之间没有显著性差异。

表 2-27　　　　　　　　　　　　　　　Friedman 检验的临界值表

评价员人数 b	样品（或产品）数 t									
	3	4	5	6	7	3	4	5	6	7
	显著性水平 $\alpha=0.05$					显著性水平 $\alpha=0.01$				
7	7.143	7.8	9.11	10.62	12.07	8.857	10.371	11.97	13.69	15.35
8	6.250	7.65	9.19	10.68	12.14	9.000	10.35	12.14	13.87	15.53
9	6.222	7.66	9.22	10.73	12.19	9.667	10.44	12.27	14.01	15.68
10	6.200	7.67	9.25	10.76	12.23	9.600	10.53	12.38	14.12	15.79
11	6.545	7.68	9.27	10.79	12.27	9.455	10.60	12.46	14.21	15.89
12	6.167	7.70	9.29	10.81	12.29	9.500	10.68	12.53	14.28	15.96
13	6.000	7.70	9.30	10.83	12.37	9.38	10.72	12.58	14.34	16.03
14	6.143	7.71	9.32	10.85	12.34	9.000	10.76	12.64	14.40	16.09
15	6.400	7.72	9.33	10.87	12.35	8.933	10.80	12.68	14.44	16.14
16	5.99	7.73	9.34	10.88	12.37	8.79	10.84	12.72	14.48	16.18
17	5.99	7.73	9.34	10.89	12.38	8.81	10.87	12.74	14.52	16.22
18	5.99	7.73	9.36	10.90	12.39	8.84	10.90	12.78	14.56	16.25
19	5.99	7.74	9.36	10.91	12.40	8.86	10.92	12.81	14.58	16.27
20	5.99	7.74	9.37	1092	12.41	8.87	10.94	12.83	14.60	16.30
∞	5.99	7.81	9.49	11.07	12.59	9.21	11.34	13.28	15.09	16.81

现举例加以说明：有 8 名评价员对 4 个样品进行排序，所得结果见表 2-28：

表 2-28 排序结果记录举例

评价员	秩次			
	1	2	3	4
	样品			
1	A	B	C	D
2	B =	C	A	D
3	A	B =	C =	D
4	A	B	D	C
5	A	B	C	D
6	A	C	B	D
7	B	A	C	D
8	B	C	A	D

注：=表示与之后的样品并列，如"B ="表示 B=C，B 和 C 排在相同的位置；"B =，C ="表示 B=C=D，三个样品排在相同的位置。

这是最初步的评价结果，需要将其转化为样品的秩次与秩和，有相同的排序则取平均值，见表 2-29：

表 2-29 排序结果记录处理举例

评价员	样品				秩和
	A	B	C	D	
	秩次				
1	1	2	3	4	10
2	3	1.5	1.5	4	10
3	1	3	3	3	10
4	1	2	4	3	10
5	1	2	3	4	10
6	1	3	2	4	10
7	2	1	3	4	10
8	3	1	2	4	10
每种样品的秩和	13	15.5	21.5	30	60

根据秩次与秩和，以 Friedman 检验做出统计解释：

$$F = \frac{12}{bt\ (t+1)} \sum_{j=1}^{t} R_j^z - 3b\ (t+1)$$

$$= \left[12\ (13^2 + 15.5^2 + 21.5^2 + 30^2)\ /8 \times 4 \times\ (4+1) \right]\ -3 \times 8 \times\ (4+1)$$

$$= 12.86$$

查表 2-26 中 $b=8$，$t=4$，$\alpha=0.01$ 一栏，得 10.35。因为 $F=12.86>10.35$，因此这 4 个样品在 1% 显著性水平上有差别。

因本例中有两种样品排序相同，所以 F 值需要矫正为 F'：

$$F' = \frac{F}{\{E/\ [\ bt\ (t^z-1)\ ]\ \}}$$

本例中 $E=\ (2^3-2)\ +\ (3^3-3)\ +\ (1^3-1)\ =\ 30$，进一步计算得 $F'=13.72$，因 $F'>10.35$，结论同样是这 4 个样品在 1% 显著性水平上有差别。

如果评价员数 b 或样品数 t 未列在表内，可将 F 看作近似服从自由度为 $t-1$ 的 χ^2 分布，此时直接查表 2-30。

表 2-30　　　　　　　　　　　χ^2 分布临界值

样品（或产品）数 t	χ^2 自由度（ $\nu = t-1$ ）	显著性水平 α	
		$\alpha=0.05$	$\alpha=0.01$
3	2	5.99	9.21
4	3	7.81	11.34
5	4	9.49	13.28
6	5	11.07	15.09
7	6	12.59	16.81
8	7	14.07	18.47
9	8	15.51	20.09
10	9	16.92	21.67
11	10	18.31	23.21
12	11	19.67	24.72
13	12	21.03	26.22
14	13	22.36	27.69
15	14	23.68	29.14
16	15	25.00	30.58
17	16	26.30	32.00
18	17	27.59	33.41
19	18	28.87	34.80
20	19	30.14	36.19
21	20	31.4	37.6

续表

样品（或产品）数 t	x^2自由度（ $\nu = t-1$ ）	显著性水平 α	
		$\alpha = 0.05$	$\alpha = 0.01$
22	21	32.7	38.9
23	22	33.9	40.3
24	23	35.2	41.6
25	24	36.4	43.0
26	25	37.7	44.3
27	26	38.9	45.6
28	27	40.1	47.0
29	28	41.3	48.3
30	29	42.6	49.6

通过 Friedman 秩和检验，如果没有显著性差异，即可直接得出样品间没有显著性差异的推论；如果有显著性差异，再采用最小显著性差异法（LSD）比较哪些样品间有差异。

计算样品间秩次和比较的临界值 LSD_α：

$$LSD_\alpha = u_\alpha \sqrt{\frac{bt\ (t+1)}{6}}$$

式中　α——显著性水平，当 $\alpha = 0.05$ 和 0.01 时，u_α 分别为 1.96 和 2.58。

将各样品的秩次和之差与 LSD_α 进行比较，如果比较的两个样品秩次和之差（ $R_i - R_j$ ）大于或等于相应的 LSD_α 值，则表明在 α 水平上这两个样品有显著性差异；如果比较的两个样品秩次和之差小于相应的 LSD_α 值，则表明在 α 水平上这两个样品没有显著性差异。

2. 平衡不完全区组设计

（1）应用领域与范围　如果要同时比较 6~16 个样品感官性质差异，并且容易产生适应，同时评价所有的样品会影响结果，此时可以采用平衡不完全区组设计方案。在该设计中，评价员同样被看作是区组，但每名评价员不评价所有的样品，仅评价其中的部分样品，这样可以有效地降低感官适应等对结果的影响。评价结果同样可以进行统计分析比较出各样品间的差异。

（2）方法　平衡不完全区组设计（balanced incomplete block design，BIB）有特定的设计表，设计有 5 个基本参数：

t——处理数，在感官评价实验中通常是样品数；

k——表示区组大小，或称区组容量，即每个区组多包含的处理数，在感官评价实验中即是每名评价员评价的样品数；

r——表示每个处理（样品）在整个实验中出现重复的次数，即每个样品被重复评价的次数；

b——表示实验中区组数，即评价员数量；

λ——任意两个处理（样品）配成对在同一区组中出现的次数，即任意两个配成对的样品被同一评价员评价的次数，$\lambda = r\ (k-1)/(t-1)$。

表 2-31 所示为一个 BIB 设计表，此表的参数为：处理数 $t=6$，区组容量 $k=3$，重复数 $r=5$，区组数 $b=10$，$\lambda=2$。这是一个基础表，该表可以安排 6 个样品，需要 10 名评价员，每名评价员评价的样品数量 $k=3$，每个样品被重复评价的次数为 $r=5$。

表 2-31　　　　　　　　　　　　　平衡不完全区组设计表

区组 （评价员）	处理（样品）					
处理数 $t=6$，区组容量 $k=3$，重复数 $r=5$，区组数 $b=10$，$\lambda=2$	1	2	3	4	5	6
1	√	√			√	
2	√	√				√
3	√		√	√		
4	√		√			√
5	√			√	√	
6		√	√	√		
7		√	√		√	
8		√		√		√
9			√		√	√
10				√	√	√

如表 2-31 所示，评价员 1 评价样品 1、2 和 5，评价员 2 评价样品 1、2 和 6，以此类推。在实验时，评价员评价哪个区组以及每个评价员的样品呈送次序都应该随机。

在进行实验时，根据实验需要评价的样品数量，选择恰当的平衡不完全区组设计表，然后根据表确定评价员的数量、各评价员评价的样品来安排实验。

（3）评价员　为了得到足够大的总重复次数，BIB 的基础设计表（b 个区组）可以重复多次。如果 p 表示基础设计的重复次数，总区组数则为 p_b，每个样品的重复次数为 p_r，样品对的总次数为 p_λ。对类别尺度、线性尺度等的测定，一般每个样品总重复次数（p_r）至少达到 15~20。这是一条原则，可据此知道至少需要多少评价员。

（4）样品准备与呈送　BIB 设计的排序测试中，样品准备与评价同排序测试。样品以随机的方式呈送给每名评价员。

（5）结果与分析　使用 Friedman 秩次和检验，统计量为：

$$F=\frac{12}{\lambda pt\ (k+1)}\ \sum_{j=1}^{t} R_j^2 -\frac{3\ (k+1)\ pr^2}{\lambda}$$

式中　t、k、r、λ——平衡不完全区组设计参数；

　　　　p——基础表重复次数；

　　　　R_j——第 j 个样品的秩次和。

将 F 统计量与自由度为（$t-1$）的 χ^2 临界值比较，如果样品间有显著性差异，则进行各样品秩次和多重比较：

$$LSD_\alpha = u_\alpha \sqrt{p \ (k+1) \ (rk-r+\lambda) \ /6}$$

例：有 6 个雪糕样品需要评价其牛乳风味强度，如果每名评价员同时品尝 6 个雪糕则容易造成感官疲劳，因此决定每名评价员仅评价其中的 3 个样品。可以选择表 2-31 中的 BIB 设计表。但在表 2-31 中，每个样品仅被 5 名评价员评价，重复次数是不够的，因此将表 2-24 重复 4 次（$p=4$），即总的评价员数为 40 人。将 40 位评价员随机分到 40 个区组中，每名评价员的样品次序随机。采用排序检验，每名评价员将评价的 3 个样品按照牛乳风味强弱排序，牛乳风味最强评秩为 1，最弱为 3。40 名评价员的排序评价结果转换成秩次，计算得到各样品的秩次和，见表 2-32。

表 2-32   6 个雪糕排序评价结果 （ BIB 设计 ）

样品	1	2	3	4	5	6
秩次和（ R_j ）	40	50	35	26	28	61

根据 BIB 表的参数：$t=6$，$k=3$，$r=5$，$\lambda=2$，$p=4$，有统计量：

$$F = \frac{12}{\lambda pt \ (k+1)} \sum_{j=1}^{t} R_j^2 - \frac{3 \ (k+1) \ pr^2}{\lambda}$$

$$= [12/2\times4\times6 \ (3+1) \ ] \ (26\times26+28\times28+35\times35+40\times40+50\times50+61\times61)$$

$$- [3\times \ (3+1) \ \times4\times5\times5] \ /2$$

$$= 56.625$$

查 χ^2 表 2-30，在显著性水平为 0.05，自由度为 $t-1=6-1=5$ 时 $\chi^2=11.07$，统计量远大于临界值，表明 6 个样品的牛乳风味有显著性差异。

多重比较 $LSD_{0.05}$：

$$LSD_{0.05} = u_{0.05} \sqrt{p \ (k+1) \ (rk-r+\lambda) \ /6}$$

$$= 1.96 \sqrt{4\times \ (3+1) \ (5\times3-5+2) \ /6}$$

$$= 11.1$$

按照排序检验的秩次和比较各样品间的差异显著性，样品 4 牛乳风味最强，但与样品 5、3 间没有显著性差异，与样品 1、2 和 6 有显著性差异。

三、 评 分 检 验

评分检验是目前企业使用比较多的一种评价方法，该方法简单、有效、容易上手，可以同时评价多个产品的多个特性，因此应用比较广泛。

评分检验是采用等距尺度或比例尺度对产品感官性质强度进行定量评价的方法，包括类别尺度、线性尺度及数字估计评价等方法。这类评价方法可以对多个样品的特定感官性质强度进行定量评价，得到的结果满足参数统计的要求，可以通过参数的假设检验、方差分析等统计方法对样品的感官性质差异进行比较。

与排序检验一样，多个样品进行比较时可以采用随机区组设计和平衡不完全区组设计方案来实现。

1. 随机区组设计

（1）应用领域与范围   当要比较多个样品特定感官性质差异时，样品较少（如 3~8 个），且刺激不是太强，可以采用随机区组设计方案。

（2）方法 以平衡或随机的顺序将样品呈送给评价员，要求评价员采用类别尺度、线性尺度或数字估计评价等方法对规定的感官性质强度进行评价，用方差分析对结果进行分析，比较各样品的差异。

（3）评价员 对评价员进行筛选、培训，评价员应该熟悉所评样品的性质、操作程序，具有区别性质细微差别的能力。参加评价的评价员人数应在 8 人以上。

（4）样品准备与呈送 采用 3 位随机数字进行样品编码，按照平衡或随机的次序一个一个地呈送样品。

（5）结果与分析 评价结果采用方差分析法进行统计分析。如果每名评价员对每个样品仅评价一次，此时将样品作为一个因素（A），评价员看作区组作为另一个因素（B），采用两向分组资料组合内没有重复观察值的方差分析和样品间差异的比较。

例：实验希望比较五种干酪香精总强度，筛选 10 名评价员，采用 0~15 点的类别尺度进行评价，每名评价员评价所有的样品，采用随机的次序呈送样品。其结果见表 2-33。试分析各样品间香气总强度是否有显著性差异。

表 2-33 五种干酪香精总强度的评价结果

评价员	样品					和（T_B）
	A	B	C	D	E	
1	9	9	12	9	6	45
2	9	10	11	7	7	44
3	9	9	12	9	8	47
4	10	10	12	8	8	48
5	11	8	12	8	6	45
6	9	9	11	7	8	44
7	8	10	12	10	7	47
8	9	11	11	8	6	45
9	7	10	11	6	6	40
10	8	9	11	7	6	41
和（T_A）	89	95	115	79	68	$T=446$

如果以 a、b 分别表示样品和评价员的数量，x_{ij} 表示各评价值，计算各样品的平均值和（T_A）、各评价员评价值的和（T_B）和总和（T），则各变异来源的平方和与自由度的分解如下：

矫正数：$C = T^2/ab = 446^2/5 \times 10 = 3\ 978.32$

总平方和：$SS_T = \sum_{i=1}^{a} \sum_{j=1}^{b} x_{ij}^2 - C = （9^2+9^2+12^2+\cdots+7^2+6^2） - C = 165.68$

$\nu_T = ab-1 = 5 \times 10-1 = 49$

样品平方和：$SS_A = \dfrac{1}{b} \sum_{i=1}^{a} T_A^2 - C = \dfrac{1}{10} （89^2+95^2+115^2+79^2+68^2） - C = 125.28$

$\nu_A = a - 1 = 5 - 1 = 4$

评价员平方和：$SS_B = \dfrac{1}{a} \sum\limits_{j=1}^{a} T_B^2 - C = \dfrac{1}{5}\left(45^2 + 44^2 + \cdots + 41^2\right) - C = 11.68$

$\nu_B = b - 1 = 10 - 1 = 9$

误差平方和：$SS_e = SS_T - SS_A - SS_B = 28.72$

$\nu_e = (a-1)(b-1) = 36$

方差分析结果见表2-34。

表2-34　方差分析结果

变异来源	自由度（ν）	平方和（SS）	均方（MS）	F 值	F 临界值
评价员间	9	11.68	1.298	1.627	$F_{0.05,9,36} = 2.15$
样品间	4	125.28	31.32	39.259	$F_{0.01,4,36} = 3.89$
误差	36	28.72	0.798		
总和	49	165.68			

查表2-27（F 临界值表）相应自由度下的 F 临界值。可见样品间 F 值（39.259）大于其比较的临界值，所以5个样品的香气强度有显著性差异。但不知道哪些样品之间有差异，所以进行多重比较。

各样品间平均数的比较：将平均数按大小排列，然后根据要比较的平均数个数 k 查表，如果是两个相邻的平均数比较，则 $k = 2$；在本例中，最大的平均数和最小的平均数比较时 $k = 5$。采用 q 检验法进行5个平均数间的比较，比较的临界值通过下式计算：

$$LSR_\alpha = q_{\alpha,k,\nu_e} \sqrt{\dfrac{MSE}{n}}$$

式中　q_{α,k,ν_e}——查表（Tukey's HSD q 值表）获得；

　　　MSE——均方误差；

　　　n——样品平均数的评价次数。

本例中 $MSE = 0.798$，而 $n = 10$。要比较的平均数个数为2~5个，在显著性水平 $\alpha = 0.05$、误差的自由度为 $\nu_e = 36$ 时，查 q 值表，计算相应的 $LSR_{0.05}$ 值，结果见表2-35：

表2-35　平均数比较的 q 值及 $LSR_{0.05}$ 值

比较的样品个数	2	3	4	5
q	2.87	3.46	3.81	4.06
$LSR_{0.05}$	0.811	0.977	1.077	1.148

样品	C	B	A	D	E
样品	11.5	9.5	8.9	7.9	6.8

可以看出，样品 C 的香气强度最强，与其他样品间有显著性差异，B 与 A 间差异不显著，但与 D 和 E 差异显著，而 D 和 E 间差异不显著。

2. 平衡不完全组设计

平衡不完全区组设计的应用领域与范围、方法与排序检验的平衡不完全区组设计时相似，只是这里采用评分的方法对感官性质强度进行评价。这个方法在操作上跟排序检验的平衡不完全区组设计是一样的，但是在处理数据的时候需要对不同区组中得到的结果进行校正。

四、 分等检验

分等检验（grading test）是在确定产品类别标准的情况下，要求评价员在品尝样品后，将样品划分为相应的类别的测试方法。

1. 应用领域与范围

在评价样品的质量时，有时对样品进行评分会比较困难，这时可选择分等检验法评价出样品的差异，得出样品的级别、好坏，也可鉴定出样品是否存在缺陷。

2. 产品级别分类标准的确定

在确定采用分等检验后应确定将产品划分的类别的数量，并制定出每一类别的标准。不同的产品分类的方法不同，分类的标准也不一样。

3. 方法与步骤

在分等检验的评分表中，要给评价员指明产品分类的数量及分类的标准。然后将样品用 3 位随机数字进行编码处理。

4. 结果与分析

在所有评价员完成评价任务后，由实验员将每位评价员的结果统计在类似表 2-36 的表格中，这样就可很直观地看出每个样品各级别的评价员的数量，结果的分析则基于每一个样品各级别的频数。

表 2-36　　　　　　　　　　　分等检验法结果统计表

样品	一级	二级	三级	合计
A				
B				
C				
D				
合计				

分等检验可采用χ^2检验。统计每个样品通过测试后分属每一级别的评价员的数量，然后用χ^2检验比较两种或多种产品不同级别的评价员的数量，从而得出每个样品应属的级别，并判断样品间的感官质量是否有差异。

五、 分组检验

1. 应用领域与范围

分组检验（sorting）是一个能快速得到结果的方法，该方法比较节省时间，对于样本量较大且样品之间存在一定区别的产品，可以很好地进行分类描述，以方便进一步研究。

2. 方法

分组检验可以指定方向，即按照何种条件进行分组，也可以任由评价员主观偏好进行分组。一般在分组检验方法介绍时会使用一系列水果、蔬菜的图片，让评价员进行分组，没有提示，分组结束以后在进行讲解，如可以按照水果和蔬菜分为两组；也可以按照图片颜色分为若干组，更细分的话可以分为红色蔬菜组、绿色水果组等；也可以按照图片内容，形状分组，如圆形水果、长条形蔬菜等；还可以按照大小分组，如西瓜和葡萄分在大小不同的组；更可以根据口感分组，如硬的、软的、汁水多的等，以此来说明分组的多样性，也是为了激发评价员的探索和创新精神，可以得到意想不到的结果。

如果是指定方向的分组，则会在一定程度上限制评价员的发挥，如一类饮料产品进行分组，仅需要考虑甜味，那么就只能按照甜度、甜味释放、甜感等方向进行限制性分组，这样的好处是不至于天马行空，得到与甜味无关方向的分组结果。

3. 评价员

分组检验的评价员可以经过培训（指定方向），也可以不经过培训直接参与（自由分组）。分组检验的结果依赖与评价员的人数，因为较少的样本量会引入较大的误差，因此一般推荐 40 人以上参与。

4. 样品准备与呈送

测试时直接将一大组产品呈送给评价员，评价员依次品尝这些样品，可以重复品尝，也可以比较，然后按照表 2-37 进行填写。

表 2-37　　　　　　　　　　　　　分组检验法测试表

分组	第 1 组	第 2 组	第 3 组	第 4 组	第 5 组	第 6 组
编码						
理由						
分组	第 7 组	第 8 组	第 9 组	第 10 组	第 11 组	第 12 组
编码						
理由						

5. 结果与分析

测试结束以后回收测试表进行统计，按照表 2-38 进行统计。

表 2-38　　　　　　　　　　　　　分组检验结果统计表

评价员	样品 1	样品 2	……
评价员 1	1（第 1 组）	3（第 3 组）	
评价员 2			
…			

将整理好的结果做多维标度分析（MDS）即可得到直观的分析图（图 2-2），以共进一步研究，如某公司需要对市售常温酸乳进行研究，目的为开发较为合适的新产品，选择分组检验

快速得到结果供研发人员做进一步的研究使用。

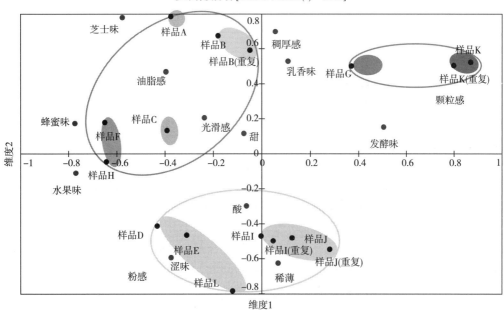

图 2-2 分组检验结果 MDS 图

第三节 描述性分析

一、应 用

通过差异性分析可以了解样品之间是否存在差异以及差异的大小，如果需要进一步了解产品之间在哪些方向上存在差异，是特征强度不一样还是特征方向不一样，是特征出现的次序不一样，抑或特征随时间变化的速度不一样，等等。这时候就需要具有较高能力的评价小组对产品进行另一类更加精细的感官分析，即描述性分析。

描述性分析（descriptive analysis），是根据感官所能感知到的食品的各项感官特征，用专业术语形成对产品的客观描述。采用的主要方法有风味剖面法、质地剖面法、定量描述分析法、光谱描述分析法、时间-强度检验法、动态主导检验法等。此类方法主要用于产品感官特征的说明、产品比较、产品基本成分鉴定、产品货架期检验，以及产品物理、化学性质与感官特性间的关系研究等。

描述性分析测试适用于一个或多个样品，可以同时评价一个或多个感官指标。

①在做新产品介绍时：很多厂商会通过描述性分析来展现新产品的特征，让人们能够迅速有效地了解新产品特性，一目了然。

②在比较竞品时：也经常使用这一技术，因为描述性分析能够准确地显示在所评价的感官特性范围内，竞争产品与自己的产品存在着怎样的差别。

③可与产品配方及工艺与感官特性相关联：确定哪些原料会引入哪种特性，或者工艺上的哪步操作会引起哪些特性的改变，这样可以有效地确定产品配方或者生产工艺流程。

④在品控中的应用：确定参照样或是制定特征标准。

⑤可与消费者测试相关联：将特性数据与消费者数据进行比对，帮助解释消费者行为，也可以给研发人员提供产品改良的信息。

⑥描绘产品与仪器、化学或物理特性相关的产品可察觉的感官特性。

描述性分析检验要求评价产品的所有感官特性，包括：①外观色泽、嗅闻的气味特性；②品尝后口中的风味特性（味觉、嗅觉及口腔的冷、热、收敛等知觉和余味）；③产品的组织特性及质地特性（包括机械特性：硬度、凝结度、黏度、附着度和弹性5个基本特性，以及碎裂度、固体食物咀嚼度、半固体食物胶黏度3个从属特性）；④产品的几何特性（包括产品颗粒、形态及方向特性，是否有平滑感、层状感、丝状感、粗粒感等，以及反映油、水含量的油感、湿润感等特性）。

描述性分析测试通常可依据是否定量分析而分为简单描述法和定量描述法。在测试过程中，要求评价员除具备人体感知食品品质特性和次序的能力外，还要具备对描述食品品质特性专有名词的定义及其在食品中的实际含义的理解能力，以及对总体印象或总体风味强度和总体差异分析能力。

描述性分析一般包含以下5个步骤，不同的方法可能涉及其中部分步骤，因此方法之间存在升级的关系。

第一步：建立感官特性描述词

描述性分析检验要求使用语言准确地描述样品感官性状，要求评价员具有较高的文学造诣，对语言的含义有准确理解和恰当使用的能力。

常用的语言分为三类，即日常语言、词汇语言和科学语言。日常语言（即口语），是日常谈话所用语，由于文化背景和地理区域的不同而有所差异。词汇语言（即书面语），是词典中的语言，在书面材料中，最好用词汇语言来表示。科学语言是为了科学的目的而特别创造的，是被非常精确地定义了的与特定的科学学科有关的专业术语。专业概念的形成和术语的准确定义可由下面的例子说明：人们对"颜色"的日常概念不管在世界哪个地方都是非常相似的。因为从孩提时代开始，人们就在学习将一定的标记与一定的刺激进行联系。换言之，如果一个孩子说万里晴空是绿色的话，他就会被告知天空是蓝色的。如果小孩坚持说错该颜色，那么，这个孩子就会被带去进行视觉以及其他方面的测试。因此，对于大多数成年人来说，"颜色"是一种被很好构建了的概念，描述它所使用的科学语言也已被广泛地理解和熟知，并在人们的大脑中牢固地建立了颜色与术语的对应关系。但是，关于食品的风味，却几乎很少能用准确的术语来描述。比如描述为"像新鲜焙烤的面包，闻起来味道很好"，或者"像咳嗽糖浆，味道不好"等，都是模糊、朦胧的。颜色有蒙塞尔标准作为坐标，同样我们希望研究食品风味时，能有准确定义（最好与参考标准相符）的科学语言。一些科学语言被经常用于描述有关感官的感觉。如白酒品评时，所使用的表示香气和滋味程度的规范术语如下：

表示香气程度的术语：无香气、似有香气、微有香气、香气不足、清雅、细腻、纯正、浓郁、暴香、放香、喷香、入口香、回香、余香、悠长、绵长、协调、完满、浮香、芳香、陈酒香、异香、焦香、香韵、异气、刺激性气味、臭气等。

滋味程度的术语：浓淡、醇和、醇厚、香醇甜净、绵软、清冽、粗糙、燥辣、粗暴、后味、余味、回味、回甜、甜净、甜绵、醇甜、甘冽、干爽、邪味、异味、尾子不净等。

要进行精确的风味描述，就要求所有评价员都能使用精确、特定、相同的概念，采用仔细筛选过的科学语言，清楚地把这种概念表达出来，并能够与其他人进行准确的交流。所以描述性分析检验对评价小组成员要求较高，一般是该领域的技术专家或优选评价员，并且经过训练，以保持评价结果的准确性和客观性。普通消费者不适合承担描述性分析，因为他们在描述产品的感官特性时，通常会用日常用语或大众用语，并且带有较多的感情色彩，因而总是不太精确和特定，即使获得了相关数据，感官评价专家还是无法测定和理解其表达的基本概念。表 2-39 所示为质地描述用语举例，以及与大众用语的比较。

表 2-39　　　　　　　　　　　质地感官评价用语和大众用语对比表

质地类别	主用语	副用语	大众用语
机械性语言	硬度	—	软、韧、硬
	凝结度	脆度	易碎、嘎嘣碎、酥碎
		咀嚼度	嫩、嚼劲、难嚼
		胶黏度	松酥、糊状、胶黏
	黏度	—	稀、稠
	弹性	—	酥软、弹
	黏着性	—	胶黏
几何性语言	物质大小形状	—	沙状、粒状、块状等
	物质成质特征	—	纤维状、空胞状、晶状等
其他用语	水分含量	—	干、湿润、潮湿、水样
	脂肪含量	油状	油性
		脂状	油腻性

建立描述词时，首先提供一系列同类型的产品，让评价员熟悉该类产品的特性，写出描述词。描述词需要能够独立表达感官特性，即描述的是产品单一的感官特性。例如不能使用"酸乳味"这种指代广泛的描述词，而是需要进一步描述为乳香味、发酵味、酸味等指代单一的描述词。

如果评价员描述过程中出现困难，感官分析师可以预先提供一组描述该类产品的描述词给评价员，让他们从中做出选择。收集到的描述词需要反复讨论和评价，直到小组意见一致为止，最终确定描述词。

在确定描述词的同时，也需要确定品尝的方法，如用门齿咬下部分产品时感受到的硬度还是用臼齿咀嚼产品时感受到的硬度；产品入口瞬间口腔感受到的滑感还是产品被舌头搅拌时感受到的滑感；等等。

第二步：确定感官特性的出现顺序

将样品提供给评价员，让评价员依次写出已确定好的描述词，先独立完成，然后进行讨论，最终达成一致。

第三步：确定参比标样

根据建立的描述词，提供一系列与该描述词对应的参比样，参比样可以是同类产品，也可以是某种原料，需要尽量与所描述的产品特性一致且单一，例如，用不同浓度的乳酸溶液作为乳酸菌饮料酸味描述的参比样。参比样的强弱需要尽量包含产品该特性的变化范围。如果找不到单一特性的参比样，也可以用一系列产品中该特性最明显的产品作为该特性的参比样。经过小组成员反复评价和谈论之后，确定出各个特性强度的参比样。

第四步：评价感官特性强度

将各个特性不同强度的参比样分别提供给评价员进行训练。要求评价员按照强度依次评价，熟悉并记忆各个特性的感觉以及对应的强度标度。然后取出每种特性任意标度的参比样作为考核样品，若评价员对其强度评价正确，则考核通过，否则需要继续训练，直到小组所有成员都通过考核，才能进行正式的感官评价。

第五步：分析样品

对实际产品进行评价，得到最终的结果。

二、 风味剖面图

风味剖面图（flavor profile，FP）是最早的定性描述分析测试方法。此项技术是 20 世纪 40 年代末至 50 年代初，由 Arthur D Little 公司的 Loren Sjostrom，Stanley Cairncross 和 Jean Caul 等人建立、发展起来的，是最早被人们用于描述复杂的风味系统，这个系统测定了谷氨酸钠对风味感知的影响。多年来，FP 不断地改进，最新的被称为剖面特征分析。

风味剖面图是一种一致性技术，用于描述产品的词汇和对产品本身的评价，可以通过评价小组成员达成一致意见后获得。考虑了一个食品系统中所有的风味，以及其中个人可检测到的风味成分。这个剖面描述了所有的风味和风味特征，并评价了这些特征的强度和整体的综合印象。

风味剖面图可用于识别或描述某一特定样品或多个样品的特性指标，或将感受到的特性指标建立一个序列，常用于质量控制、产品在贮藏期间的变化或描述已经确定的差异检测，也可用于培训评价员。

测试的组织者要准确地选取样品的感官特性指标并确定适合的描述词，制订指标检查表，选择非常了解产品特性、受过专门训练的评价员和专家组成 5~8 名评价员的小组进行评价实验，根据指标表中所列术语进行评价。

该方法可以只讨论特性也可以对特性强度进行评价，如果通过讨论确定了产品的特性强度，则称为一致性讨论（consensus）。

当评价员完成评价后，由评价小组组织者统计这些结果。根据每一描述性词汇的使用频率或特征强度得出评价结果，最好对评价结果作出公开讨论，最后得出结论。该方法的结果通常不需要进行统计分析。

例：某公司对两个不同型号的甜菊糖进行描述，可以看出在部分特性上两个型号的产品存在区别（图 2-3）。

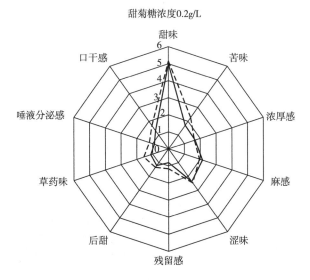

图2-3 甜菊糖风味描述图

--- 甜菊糖 A —— 甜菊糖 B

三、 质地剖面图

质地剖面分析（texture profile），是通过系统分类、描述产品所有的质地特性（机械的、几何的和表面的）以建立产品的质地剖面。此法可在再现过程中评价样品的各种不同特性，并且用适宜的标度刻画特性强度。本方法可以单独或全面评价气味、风味、外貌和质地。适用于食品（固体、半固体、液体）或非食品类产品（如化妆品），并且特别适用于固体食品。

1. 质地剖面的组成

根据产品（食品或非食品）的类型，质地剖面一般包含以下几方面：

（1）可感知的质地特性　如机械的、几何的或其他的特性。

（2）强度　如可感知产品特性的程度。

（3）特性显示顺序

①咀嚼前或没有咀嚼：通过视觉或触觉（皮肤/手、嘴唇）来感知所有几何的、水分和脂肪特性。

②咬第一口或一啜：在口腔中感知到机械的和几何的特性，以及水分和脂肪特性。

③咀嚼阶段：在咀嚼和/或吸收期间，由口腔中的触觉接受器来感知特性。

④剩余阶段：在咀嚼和/或吸收期间产生的变化，如破碎的速率和类型。

⑤吞咽阶段：吞咽的难易程度，并对口腔中残留物进行描述。

2. 质地特性的分类

质地是由不同特性组成的。质地感官评价是一个动力学过程。根据每一特性的显示强度及其显示顺序，可将质地特性分为三组：机械特性、几何特性以及表面特性。

质地特性是通过对食品所受压力的反应表现出来的，可用以下任一方法测量：

①通过动觉：即通过测量神经、肌肉、腱及关节对位置、移动、部分物体的张力的感觉。

②通过体觉：即通过测量位于皮肤和嘴唇上的接受器，包括黏膜、舌头和牙周膜，对压力（接触）和疼痛的感觉。

（1）机械特性 半固体和固体食品的机械特性，可以划分为五个基本参数和三个二级参数，见表2-40。

与五种基本参数有关的一些形容词：

硬性——常使用软、硬、坚硬等形容词。

黏聚性——常使用与易碎性有关的形容词：已碎的、易碎的、破碎的、易裂的、脆的、有硬壳等；常使用与易嚼性有关的形容词：嫩的、老的、可嚼的；常使用与胶黏性有关的形容词：松脆的、粉状的、糊状的、胶状的等。

表2-40 机械质地特性的定义和评价方法

特性		定义	评价方法
基本参数	硬性	与使产品变形或穿透产品所需的力有关的机械质地特性； 在口腔中它避通过牙齿间（固体）或舌头与上腭间（半固体）对于产品的压迫而感知	将样品放在臼齿间或舌头与上腭间，并均匀咀嚼，评价压迫食品所需的力量
	黏聚性	与物质断裂前的变形程度有关的机械质地特性	将样品放在臼齿间压迫它，并评价在样品断裂前的变形量
	黏度	与抗流动性相关的机械质地特性，与下面所需力量相关：用舌头将勺中液体吸进口腔中或将液体铺开的力量	将一装有样品的勺放在嘴前，用舌头将液体吸进口腔里，评价用平稳速率吸液体所需的力量
	弹性	与快速恢复变形和恢复程度有关的机械质地特性	将样品放在臼齿间（固体）或舌头与上腭间（半固体）并进行局部压迫，取消压迫并评价样品恢复变形的速度和程度
	黏附性	与移动沾在物质上材料所需力量有关的机械质地特性	将样品放在舌头上，贴上腭，移动舌头，评价用舌头移动样品所需的力量
二级参数	易碎性	与黏聚性和粉碎产品所需力量有关的机械质地特性	将样品放在臼齿间并均匀地咬直至将样品咬碎，评价粉碎食品并使之离开牙齿所需力量
	易嚼性	与黏聚性和咀嚼固体产品至可被吞咽所需时间有关的机械质地特性	将样品放在口腔中每秒钟咀嚼一次，所用力量与0.5s内咬穿一块口香糖所需力量相同，评价当可将样品吞咽时所咀嚼的次数或能量
	胶黏性	与柔软产品的黏聚性有关的机械质地特性，在口腔中它与将产品分散至可吞咽状态所需的力量有关	将样品放在口腔中，并在舌头与上腭间摆弄，评价分散食品所需要的力量

黏度——常使用流动的、稀的、黏的等形容词。

弹性——常使用有弹性的、可塑的、可延展的、弹性状的、有韧性的等形容词。

黏附性——常使用黏的、胶性的、胶黏的等形容词。

二级参数与五种基本参数的关系：

易碎性——与硬性和黏聚性有关，在脆的产品中黏聚性较低而硬性可高低不等。

易嚼性——与硬性、黏聚性和弹性有关。

胶黏性——与半固体的（硬度较低）硬性、黏聚性有关。

（2）几何特性 产品的几何特性是由位于皮肤（主要在舌头上）、嘴和咽喉上的触觉接受器来感知的。这些特性也可通过产品的外观看出。

粒度：粒度是与感知到的与产品微粒的尺寸和形状有关的几何质地特性。类似于说明机械特性的方法，可利用参照样来说明与产品微粒的尺寸和形状有关的特性，如光滑的、白垩质的、粒状的、沙粒状的、粗粒的等术语构成了一个尺寸递增的微粒标度。

构型：构型是可感知到的与产品微粒形状和排列有关的几何质地特性。与产品微粒的排列有关的特性体现产品紧密的组织结构。

不同的术语与一定的构型相符合。如：

"纤维状的"指长的微粒在同一方向排列（如芹菜茎）；

"蜂窝状的"指由球卵型微粒构成的紧密组织结构，或由充满气体的气室群构成的结构（如蛋清糊）；

"晶状的"指菱形微粒（如晶体糖）；

"膨化的"指外壳较硬的充满大量不均匀气室的产品（如爆米花、奶油面包）；

"充气的"指一些相对较小的均匀的小气孔并通常有柔软的气室外壳（如聚氨酯泡沫、蛋糖霜、果汁糖等）。

表2-41所示为适用于产品几何特性的参照样品。

表2-41 产品几何特性的参照样品

与微粒尺寸和形状有关的特性	参照样品	与方向有关的特性	参照样品
粉末状的	特级细砂糖	薄层状的	烹调好的黑线鳕鱼
白垩质的	牙膏	纤维状的	芹菜茎、芦苇、鸡胸肉
粗粉状的	粗面粉	浆状的	桃肉
沙粒状的	梨肉、细沙	蜂窝状的	橘子
粒状的	烹调好的麦片	充气的	三明治面包
粗粒状的	干酪	膨化的	爆米花、奶油面包
颗粒状的	鱼子酱、木薯淀粉	晶状的	砂糖

（3）其他特性 与口感好坏有关的特性与口腔内或皮肤上触觉接受器感知的产品含水量和脂肪含量有关，也与产品的润滑特性有关。

应当注意产品受热（接触皮肤或放入口腔中）溶化时的动力学特性。此处时间指产品状态发生变化所需的时间。强度与产品在嘴中被感知到的不同质地有关（如将一块冷奶油或一冰块放入嘴中让其自然溶化而不咀嚼）。

含水量：含水量是一种表面质地特性，是对产品吸收或释放水分的感觉。用于描述含水量的常用术语不但要反映所感知产品水分的总量，而且要反映释放或是吸收的类型、速率以及方式。这些常用术语包括：干燥（如干燥的饼干）、潮湿（如苹果）、湿的（如荸荠、贻贝）、多汁的（如橘子）。

脂肪含量：脂肪含量是一种表面质地特性，它与所感知的产品中脂肪的数量和质量有关。与黏口性和几何特性有关的脂肪总量及其熔点与脂肪含量一样重要。

建立起二级参数，如"油性的""脂性的""多脂的"等以区别这些特性：

"油性的"反映了脂肪浸泡和流动的感觉（如法式调味色拉）；

"脂性的"反映了脂肪渗出的感觉（如腊肉、炸马铃薯片）；

"多脂的"反映了产品中脂肪含量高但没有脂肪渗出的感觉（如猪油、牛羊脂）。

3. 建立术语

质地剖面描述必须建立一些术语用以描述任何产品的质地。传统的方法是，术语由评价小组通过对一系列代表全部质地变化的特殊产品的样品的评价得到。在培训课程的开始阶段，应提供给评价员一系列范围较广的简明扼要的术语，以确保评价员能尽量描述产品的单一特性。最后，评价员将适用于样品质地评价的术语列出一个表格。

评价员在评价小组领导人的指导下讨论并编制大家可共同接受的术语定义和术语表时应考虑以下几点：

①术语是否已包括了关于评价产品的基本方法的所有特性。

②一些术语是否意义相同并可被组合或删除。

③评价小组每个成员是否均同意术语的定义和使用。

4. 参照样品

（1）参照样品的标度　基于产品质地特性的分类，已建立一标准比率标度以提供评价产品质地的机械特性的定量方法。这些标度仅列出用于量化每一感官质地特性强度的参照产品的基本定义。它们仅说明一些基本现象，即使用熟悉的参照产品来量化每一感官质地特性的强度。这些标度反映了想建立剖面的产品中一般机械特性的强度范围。这些标度可根据产品特点做一些修改或直接使用。

这些标度也适用于培训评价员。但若不做修改，不能用于评价所有产品剖面。例如，在评价非常软的产品（如不同配方的奶油、干酪），则硬度标度的低端必须扩展，并删除高端的一些点。因此，可扩展标度以便更精确地评价相似产品。

（2）参照样品的选择　在选择参照样品时，应尽量选用大家熟知的产品。在具体选择参照样品时应首先了解：

①在某地区适宜的食品在其他地区可能不适宜。

②即使在同一个国家内，某些食品的适宜性随着时间变化也在变化。

③一些食品的质地特性强度可能由于使用原材料的差别或生产上的差别而变化。

充分了解以上条件，并选择适宜的产品用于标度中。标度应包含所评价产品所有质地特性的强度范围。

所选理想参照样品应为：

①包括对应于标度上每点的特定样品。

②具有质地特性的期望强度，并且这种质地特性不被其他质地特性掩盖。

③易得到。

④有稳定的质量。

⑤是较熟悉的产品或熟知的品牌。

⑥要求仅需很少的制备即可评价。

⑦质地特性在较小的温度变化下或较短时间贮藏时仅有极小变化。

应尽量避免使用特别术语，参照样品尽量不选用实验室内制备的样品，并尝试选用一些市场上的知名产品，所选市场产品应具有特定特性强度要求，并且各批次具有特性强度的再现性，一般避免选用水果和蔬菜，因为质地变化受各种因素（如成熟度）影响较大。如果样品必须烹调后评价，则要避免使用要求烹调的一些术语。

参照样品应在尺寸、外形、温度和形态等方面标准化。所用器具也应标准化。

许多产品的质地特性与其贮藏环境的湿度有关（如饼干、马铃薯片），在这种情况下有必要控制测试时空气湿度和测试前限定样品以使测试在相同条件下进行。

（3）参照标度的修正　若评价小组已掌握基本方法和参照标度，则可使用相同产品类型的一些样品建立一个参照框架，以建立和发展评价技术、评价术语和评价特性的特殊显示顺序。评价小组评价每一系列参照样品时，应确定其在使用标度上的位置，以表达所感受到的特性变化的感觉。

用于这些质地标度的一些参照样品可能被其他样品替代或改变环境要求，以便：

①得到一指定质地特性和/或强度的更精确的说明。

②在参考标度中扩展强度范围。

③减少标度中两个参照样品的标度间隔。

④提供更方便的环境条件（尺寸和温度）以更方便评价产品和感知产品质地特性。

⑤说明某些样品在标度中的不可用性。

用于硬性、黏聚性、弹性、黏性、吸湿性、齿黏聚性的标准标度将在之后举例中给出，可根据实际需要采用。

评价员在建立一种方法和一系列有恰当顺序的描述词后，则可制作相应的回答表格，这个表格用于指导每个评价小组成员的评价和报告数据，表格应列出每一评价阶段的过程、所评价的描述词和描述词的正确顺序以及相应的强度标度。

5. 评价技术

在建立标准的评价技术时，要考虑产品正常消费的一般方式，包括：

（1）食物放入口腔中的方式　如用前齿咬、用嘴唇从勺中舔、整个放入口腔中。

（2）弄碎食品的方式　如只用牙齿嚼、在舌头或上腭间摆弄、用牙咬碎一部分然后用舌头摆弄并弄碎其他部分。

（3）吞咽前所处状态　如食品通常是作为液体、半固体，还是作为唾液中微粒被吞咽。

所使用的评价技术应尽可能与食物通常的食用条件相符合。一般使用类属标度、线性标度或比率标度表示评价结果。

图2-4所示为质地评价技术的使用步骤。

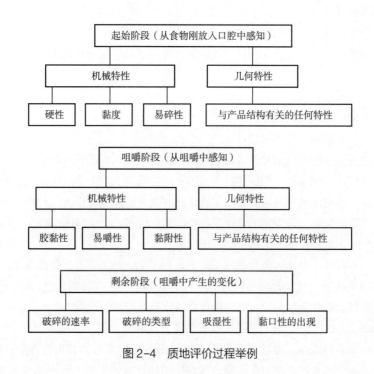

图2-4 质地评价过程举例

例：某公司对调味乳进行质地剖面分析所得出的评价方式和评价指标发，如表2-42所示。

表2-42 调味乳质地剖面分析举例

步骤	方式	评价指标和定义
1	喝入10mL样品，对风味和口味进行评价	整体强度：用于描述产品整体的综合强度，最初的强度冲击程度（不用过度思考）； 乳香味：用于描述牛乳的香味，牛乳的特征风味之一； 乳腥味：用于描述牛乳的腥味，牛乳的特征风味之一； 异味：用于描述产品中的异味，不属于中性乳所固有的特征，外来的风味； 甜味：用于描述甜味的强弱程度，分值越高表示甜味越强； 咸味：用于描述咸味的强弱程度，分值越高表示咸味越强
2	将嘴微微收拢，喝入10mL样品，感觉样品的滑感	光滑感（入口）：用于描述样品入口时口腔和舌头感受到的丝绸般的光滑感，样品滑入口腔的难易程度
3	样品入口后置于舌面上，感知样品的厚重感	厚重感：用于描述样品在口腔中的厚重感，分值越高表示感觉的内容物越多，和清薄相反，可以理解为流动性不变的前提下样品更重了，给舌头的压力变大了

续表

步骤	方式	评价指标和定义
4	然后在口中用舌头将样品搅动 2 圈，感觉样品的均一感和稠度等	均一感：用于描述样品的均匀性，各组分相互融合，不分离； 稠度：用于描述样品在口腔中流动的容易程度，分值越高表示越难流动，和"稀"相反 光滑感（口中）：用于描述样品在口腔中的丝滑感觉，当舌头在口腔中搅动时感觉产品表面与口腔内部的摩擦感低
5	重复上列步骤 2~4，评价脂肪感和奶油的打发感，同时回顾前面的口感描述词	脂肪感/油脂感：用于描述样品中的脂肪感/油脂感； 奶油的打发感：用于描述油脂所带来的蓬松轻盈的感觉（不紧实），类似于打发过的奶油
6	将样品咽下，评价黏感	黏感：用于描述吞咽样品时感受的黏黏的感觉

四、 定量描述分析

评价员对构成样品感官特征的各个指标强度进行完整、准确评价的检验方法称为定量描述分析（quantitative descriptive analysis，QDA）。这是在 20 世纪 70 年代发展起来的分析技术，目的是纠正与风味剖面（FP）描述有关的一些感知问题。

1. 定量描述分析方法的特点

与风味剖面图相反，定量描述分析是一种独立方法，数据不是通过一致性讨论而产生的。即组织者一般不参加评价，评价小组意见也不需要一致。评价员在小组内讨论产品特性，然后单独记录他们的感觉；同时使用非线性结构的标度来描述评价特性的强度，由评价小组负责人汇总和分析这些单一结果。Stone 等（1974）选择了线性图形标度，这条线延伸到固定的语言终点之外。这种标度的使用，可以减少评价员只使用标度的中间部分以避免出现非常高或非常低分数的倾向。

像风味剖面图一样，定量描述分析技术也已经广泛地应用于食品感官评价，尤其对质量控制、质量分析、确定产品之间差异的性质、新产品研制、产品品质的改良等最为有效，并且可以提供与仪器检验数据对比的感官数据，提供产品特征的持久记录。

定量描述分析法可在简单描述分析所确定的词汇中选择适当的词汇，定量描述样品的整个感官印象，可单独或结合地用于评价气味、风味、外观和质地。

2. 操作步骤

（1）了解相关类似产品的情况，建立描述的最佳方法和统一评价识别的目标，同时，确定参比样品（纯化合物或具有独特性质的天然产品）和规定描述特性的词汇。

（2）成立评价小组，对规定的感官特性特征的认识达到一致，并根据测试的目的设计出不同的测试记录形式。要记录的测试内容一般包括：

①感觉顺序的确定：即记录显现和察觉到各感官特性所出现的先后顺序。

②食品感官特性的评价：即用叙词或相关的术语规定感觉到的特性。

③特性强度的评价：即对所感觉到的每种感官特性的强度作出评价。

④余味和滞留度的测定：余味是指样品被吞下（或吐出）后，出现的与原来不同的特征特性。滞留度是指样品已经被吞下（或吐出）后，继续感觉到的特性特征。在某些情况下，可要求评价员评价余味，并测定其强度，或者测定滞留度的强度和持续时间。

⑤综合印象的评价：指对产品总体、全面的评价，考虑到特性的适应性、强度以及相同背景特性的混合等，综合印象通常在 3 点或 4 点标度上评价。例如，0 表示"差"，1 表示"中"，2 表示"良"，3 表示"优"。在独立方法中，每个评价员分别评价综合印象，然后计算其平均值。在一致方法中，评价小组对一个综合印象取得一致性意见。

（3）根据所设计好的测试表格，评价员即可独立进行评价实验，按照感觉顺序，用同一标度测定每种特性强度、余味、滞留度及综合印象，记录评价结果。

（4）测试结束，由评价组负责人收集评价员的评价结果，计算出各个特性特征强度（或喜好度）的平均值，并用表格或图形表示。QDA 和 FP 一般都附有图形，如扇形图、棒形图、圆形图和蜘蛛网形图等。

当有数个样品进行比较时，可利用综合印象的评价结果得出样品间差别的大小及方向；也可以利用各特性特征的评价结果，用一个适宜的方法（如评分分析法）进行分析，以确定样品之间差别的性质和大小。

3. 感官特性强度的评价方式

定量描述分析法不同于简单描述法的最大特点是利用统计法数据进行分析。而统计分析的方法，随所用对样品特性特征强度评价的方式而定。强度的评价主要有以下几种方式：

（1）数字评价法　0=不存在，1=刚好可识别，2=弱，3=中等，4=强，5=很强。

（2）标度点评价法　在每个标度的两端写上相应的叙词，中间级数或点数根据特性特征的改变，在标度点"□"上写出符合该点强度的 1~7 数值。

弱 □□□□□ 强

（3）直线评价法　如在 100mm 长的直线上，距每个末端大约 10mm 处，写上叙词（如弱—强），评价员在线上做一个记号表明强度，然后测量记号与线段左端之间的距离（mm），表示强度数值。

评价员单独对样品进行评价，实验结束后将测量到的长度数值输入计算机，经统计分析后得出平均值，然后进行分析并作图。

例：某公司对四种绿茶产品进行 QDA 分析可以以不同的图表进行结果显示：

折线图（图 2-5）：

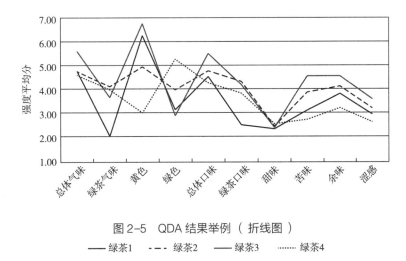

图 2-5　QDA 结果举例（折线图）

—— 绿茶1　- - - 绿茶2　—— 绿茶3　⋯⋯ 绿茶4

雷达图（图2-6）：

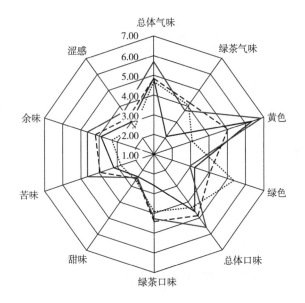

图 2-6　QDA 结果举例（雷达图）

—— 绿茶1　- - - 绿茶2　—— 绿茶3　⋯⋯ 绿茶4

五、 光谱描述分析

光谱描述分析（spectrum）是在实际应用中使用最多的检验方法，它与 QDA 非常相似，但是具有自己的特点，可以说它是 QDA 的升级版（spectrum＝consensus ＋ QDA）。光谱描述分析需要花较多的时间进行评价员培训，因此与风味剖面分析、质地剖面分析、一致性讨论（consensus）等相比不能快速得到结果，但是其结果更加精确，与 QDA 相比，光谱描述分析可以进行跨测试的比较，实用性更强。

光谱描述分析一般经历四个步骤才能得到结果。

第一步：特性识别

评价小组进行圆桌讨论，对需要评价的一系列产品进行特性讨论，对特性的描述词、定义以及评价方式达成统一的意见。

第二步：特性评分

对每一个特性找出合适的参照样，并需要确定参照样的分值。光谱描述分析需要对每一个特性进行评分，并且对每一个分值都有定义，评分时一般使用一条 15cm 长的线条，其分值为 0~15，在线条的两端分别加上强度的描述，如"弱""强"等，必要时在线条上标记分值，以方便评价员确定位置。尽量给每一个分值确定一个参照样，参照样尽量具有单一属性，可以是某个原料。如果无法找到合适的参照样，可以使用与测试样同类的产品作为参照，尽量选择特定属性明确的产品，并确定其该属性的分值。例如：

涩味：

弱 强

第三步：评价员成绩管理

在完成第一、第二步以后需要给评价员进行一系列培训，让其熟悉各个特性的定义以及分值，需要对评价员进行考核，直到所有评价员都能准确的掌握所有特性的评分。

第四步：收集数据

在评价员通过考核后，就可以正式测试用以收集数据了，可以通过多次重复测试来确定最终的结果。

例：某公司开发一款豆浆饮品，需要与市场上在售的产品进行比较，了解产品之间的差异以期望对目前的产品进行改进和市场定位。

研发人员将市场样品和开发样品共计 10 个产品进行比较，首先得出以下描述词和定义（表 2-43）：

表 2-43　　　　　　　　　　　　　　　样品特征定义及评价方法

分类	评价方式	特征	定义
风味和口味	喝入 10mL 样品，对风味和口味进行评价	整体强度	产品整体的综合强度，不用区分具体描述词
		甜味	甜味
		咸味	咸味
		豆腥味	用于描述产品中带有生的黄豆的风味
		乳香味	用于描述产品中带有的牛乳香味
		腥味	用于描述产品中不愉悦的乳腥味、膻味，以及蛋腥味、鱼腥味等不良风味
		其他风味	用于描述产品中的异味，不属于豆奶所固有的特征，外来的风味包括坚果味、玉米味、甘蔗味、赤豆汤风味等
		鲜味	鲜味

续表

分类	评价方式	特征	定义
口感	然后在口中用舌头将样品搅动2圈，感觉样品的均一感和稠度等	浓厚感	用于描述样品在口腔中流动的容易程度，分值越高表示越难流动，和"稀"相反
		光滑感	用于描述样品入口时，样品与嘴唇的摩擦力的大小，摩擦力越小，样品越光滑
		涩感	用于描述舌头及口腔中收敛的感觉，常见于未成熟的香蕉、柿子，以及茶叶
		糊口感	用于描述产品在下咽时，不能完全咽下去，附着在口腔上的程度
		黏度	用于描述产品之间的粘连度，产品在口腔中搅动时，形成黏丝的感觉
		油脂感	用于描述感知产品中油脂或脂肪含量较高
后味	将样品咽下后感知样品的后味	后苦味	后苦味

评价员通过培训以后正式测试这些产品，并得到以下结果：本例中以主成分分析（PCA）图（图2-7）的形式呈现，也可以通过雷达图的形式呈现产品各个特性之间的区别。

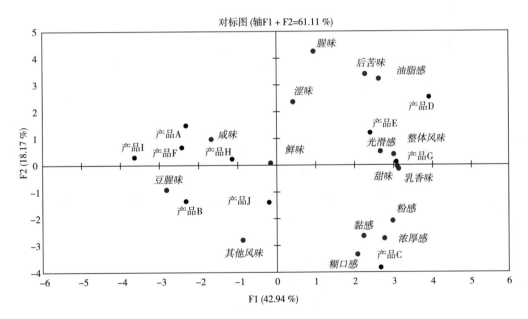

图2-7 光谱描述分析结果 PCA 图

注：特性用斜体表示，样品用正体表示。

六、 时间-强度检验

有时候，产品在特性种类和特性强度上都没有区别，但是在评价时仍然能够感受到产品的差异，很有可能是产品特性出现的顺序不一样，或者某个特性的强度随时间变化的过程不一样而导致的，这时候对产品进行描述就需要引入时间这个维度，一般与时间相关的描述方法有时间-强度检验（time-intensity，TI）、动态主导检验（temporal dominance of sensations，TDS），以及将两者结合起来的强度动态主导检验（temporal intensity dominance of sensations，TiDS）。与时间相关的检验方法都对检验设备（软件）有一定的要求，后台需要能够记录时间，如果靠人工记录时间则误差会非常大，不能得出有效的结果，一般都是通过特性的应用软件来进行测试。

时间-强度检验用以描述产品某个特性随时间变化而变化的过程，如口香糖在咀嚼过程中的风味释放过程。

时间-强度检验每次只能检验一个特性，如一款无糖饮料中甜味的释放过程，但无法同时评价其他特性。

时间-强度检验首先需要让评价员熟悉所需要测试的那个特性，跟光谱描述分析一样，需要对该特性进行定义和确定参照样，以及分值。要求评价员熟悉每一个分值，并通过考核。然后需要对产品的该特性变化过程进行讨论，感受其强度随时间变化的过程并通过描述表现出来。在正式测试之前需要让评价员练习软件的使用方法，这正是时间-强度检验的难点，通常评价员都能够通过语言描述出产品特性的变化过程，但是在软件上操作时常常会出现偏差，因此需要花费大量的时间来练习软件的操作。

以下是某公司对几种甜味剂甜度释放的描述（图2-8）：

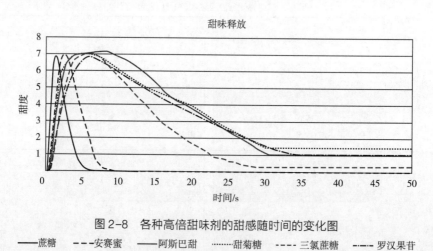

图2-8 各种高倍甜味剂的甜感随时间的变化图

——蔗糖 －－－安赛蜜 ——阿斯巴甜 ……甜菊糖 －·－三氯蔗糖 －··－罗汉果苷

七、 动态主导检验

动态主导检验（TDS），是用于检验产品特性出现顺序的检验方法，该方法能够表明产品的主导特性随时间变化交替或依次出现的过程，以及停留时间的长短。但是，该方法不能体现出每个特性的具体强度，只是在某个时间点相对其他特性更强而占据主导地位。

　　动态主导检验首先需要培训评价员熟悉需要检验的产品及其特性，不需要对每一个特性进行具体的评分，但是要求所有的特性描述都能达成一致。

　　测试时将所有的特性同时列出，评价员在评价样品的整个过程中依次选择当前占主导地位的那个特性，即强度最强的那个特性，直到评价结束。

　　通过软件进行分析可以得出每个产品主导特性随时间变化的过程。

　　以下是某公司对奶茶进行 TDS 测试的结果（图 2-9）：

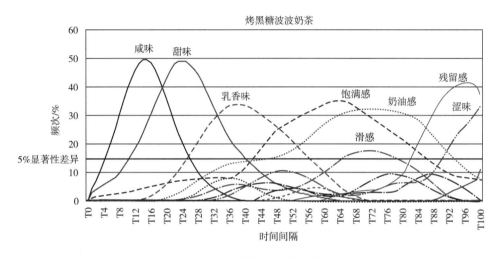

图 2-9　奶茶 TDS 展示图

第四节　情 感 检 验

　　在食品感官评价中，情感检验（affective test）主要用于比较不同的样品间感官质量的差异性以及消费者对样品的喜好程度的差异。情感从测试分为两种基本的类型，一种是偏爱测试，另一种是可接受性或喜好测试。偏爱测试要求评价员在多个样品中挑选出喜好的样品或对样品进行评分，比较样品质量的优劣；可接受测实验要求评价员在一个标度上评价他们对产品的喜爱程度，并不一定要与另外的产品进行比较。前者主要有成对偏爱检验、偏爱排序检验和分类检验；后者主要有快感评分检验、可接受性检验等。

一、　成对偏爱检验（paired-preference test）

1. 成对偏爱检验的基本方法

　　评价员比较两个样品，品尝后指出更喜欢哪个样品的方法就是成对偏爱检验。通常在进行成对偏爱检验时要求评价员给予明确肯定的回答。但有时为了获得某些信息，也可使用无偏爱的回答选项。在进行成对偏爱检验时，只要求评价员回答一个问题，就是记录样品整体的感官反应，不单独评价产品的单个感官质量特性。

　　在很多情况下，感官评价组织者为了获得更多的信息，往往在进行差别测试后再要求评价员指出对样品的偏爱，实际上这样做是不科学的。首先，差别测试和偏爱测试选择的评价员是不同的，差别测试的评价员要按感官灵敏度进行挑选，而偏爱测试的评价员是产品的使用者。其次，两种方法的要求不同，差别测试要求评价员指出样品的差异，而偏爱测试只要求对样品的整体进行偏爱评价，如果进行差别测试后再进行偏爱测试，差别测试的结果会影响到偏爱测试的结果。

2. 成对偏爱检验的评价单

在成对偏爱检验中，评价员会收到两个3位随机数字编码的样品，这两个样品被同时呈送给评价员，要求评价员评价后指出更偏爱哪个样品。为了简化数据的统计分析，通常要求评价员评价后必须作出选择，但有时为了获得更多信息也会允许有无偏爱的选择出现。两种情况下的评价单设计是不同的，见表2-44和表2-45。

表2-44　　　　　　　　　　成对偏爱检验的评价单　（必选）

成对偏爱检验（必选）

样品：

姓名：　　　　　　　　　　　　　　　　　　　　　　　日期：

请在开始前用清水漱口，然后按从左至右的顺序品尝两个编码的样品，您可以重复饮用所要评价的样品，品尝后用圆圈圈上您所偏爱的样品编码的样品代码。

211	986

感谢您的参与。

表2-45　　　　　　　　　　成对偏爱检验的评价单　（允许无偏爱）

成对偏爱检验

样品：

姓名：　　　　　　　　　　　　　　　　　　　　　　　日期：

请在开始前用清水漱口，然后按从左至右的顺序品尝两个编码的样品，您可以重复饮用所要评价的样品，品尝后用圆圈圈上您所偏爱的样品编码的样品代码，如果两个样品中您实在分不出偏爱哪个，请您圈上无偏爱选项。

273	482
无偏爱	

感谢您的参与。

如果在成对偏爱检验允许有无偏爱选择，结果分析时可根据情况选择以下 3 种不同的方法进行处理：第一种方法是除去检验结果中无偏爱选项的评价员后再进行分析，这样就减少了评价员的数量，检验可信度随之会降低；第二种方法是把无偏爱的选择分成一半分别加在两个样品的结果中，然后进行分析；第三种方法是将选无偏爱选项的评价员按比例分配到相应的样品中。

3. 成对偏爱检验结果的统计分析

在成对偏爱检验中，如果不允许无偏爱选择，则一个特定产品的选择是两者中选一个。无差异假设是当评价员对一个产品的偏爱没有超过另一个产品时，评价员选择每个产品次数是相同的，也就是说评价员偏爱每一种样品的概率是相同的，即选择样品 A 的概率等于选择样品 B 的概率。在实际的研究中，研究人员并不知道哪个样品会被消费者更多地偏爱。成对偏爱检验有差异的假设是如果评价员对一个样品的偏爱程度超过对另一个样品的偏爱，则受偏爱较多的样品被选择的机会要多于另一个样品。对于偏爱检验的结果分析是基于统计学中的二项分布。

在偏爱检验中，通过二项分布可以帮助感官评价研究人员测定研究的结论是否仅仅是由于偶然因素引起，还是评价小组对一个样品的偏爱真的超过了另一个样品。在排除偶然性因素后样品有显著性偏爱的概率可用下面公式计算：

$$P = \frac{N!}{(N-X)!\ X!} P^X\ (1-P)^{N-X}$$

式中　N——有效评价员总数；

　　　X——最受偏爱产品的评价员数；

　　　P——对最受偏爱产品作出偏爱选择数目的概率。

上述公式的计算十分复杂，因此已有研究人员计算出了正确评价的数目以及它们发生的概率，给出了统计显著性的最小值（表 2-23）。有了这样的表格就很容易对成对偏爱检验的结果进行分析。在实际分析时，只要统计出被多数评价员偏爱的样品的评价员数量，然后与表 2-23 中的数据进行比较，如果实际评价员的数量大于或等于表中对应的显著性水平下的数值，则表明两个样品被偏爱的程度有显著性差异。

二、　偏爱排序检验（ preference ranking test ）

1. 偏爱排序检验的基本方法

偏爱排序检验法是指在感官检验中要求评价员根据指定的感官特性按强度或按照偏爱或喜欢样品的程度对样品进行排序的一种检验方法。排序检验法只能排出样品的顺序，不能评价样品间差异的大小。在新产品的研究开发过程中，需要确定由于不同的原料、工艺条件、贮藏方法等对产品质量的影响，偏爱排序检验法就是一种较理想的方法。另外，本公司生产或开发出的产品需要与竞争对手的产品进行比较，也可以用这种方法进行。偏爱排序检验只能按一种特性或对样品的偏爱程度进行排序，如要比较样品的不同特性，则需要按不同的特性安排不同的排序检验。

检验前由感官评价组织者根据检验的目的选择检验的方法，制订实验的具体方案；明确需要排序的感官特性；指出排列的顺序是由弱到强还是由强到弱；明确样品的处理方法及保持方法；指明品尝时应注意的事项；指明对评价员的要求及培训方法，要使评价员对需要评价的指标和要求有一致的理解。

检验时每个评价员以事先确定的顺序评价编码的样品，并初步确定样品的顺序，然后整理比较，再作出进一步的调整，最后确定整个系列的强弱顺序。不同的样品，一般不能排为同一次序。如果排列有重复，则在结果分析时对数据进行处理。

2. 排序检验的评价单

制订的评价单要求给评价员的指令简单扼要，能够很好地理解，表2-46所示为对单一感官特性进行排序时的评价单。

表2-46 对样品喜好程度进行排序的评价单

偏爱排序检验（喜好程度）

产品名称：

评价员姓名： 日 期：

品尝前请用清水漱口，然后按样品摆放的顺序从左至右品尝4个样品，如果需要可重复品尝，请按最喜欢到最不喜欢的顺序排列样品，使用1~4的数值表示样品的顺序，其中，1=最喜欢，4=最不喜欢。

品尝的结果：

样品编码	排列顺序（1~4，不允许相同）
107	（　）
078	（　）
348	（　）
478	（　）

感谢您的参与。

3. 偏爱排序检验结果的统计分析

品尝完成后收集每位评价员的评分表，将评分表中的样品编码进行解码，变为每个样品的排序结果，按表2-47的格式进行结果的统计。表中所列出的是6位评价员对4种草莓酸牛乳（分别用A、B、C、D表示）喜爱程度排序的统计结果，1~4的顺序表示喜好程度的顺序。其中，1表示最喜欢，4表示最不喜欢。

表2-47 偏爱排序检验结果统计表

评价员	1	2	3	4
1	A	C	D	B
2	C	D	A	B
3	A	D	B	C
4	C	A	B	D

续表

评价员	1	2	3	4
5	A	B	D	C
6	C	A	D	B

偏爱排序检验法得到的结果可以用 Friedman 检验和 Page 检验对样品之间喜好程度进行显著性检验。

Friedman 检验适合于样品间没有自然顺序的检验，如果样品有自然的顺序，例如样品的成分构成梯度、贮存时间间隔等，采用 Page 检验比 Friedman 检验更有效。

Page 检验操作步骤：

以 r_1、r_2、$\cdots$、r_P 表示 P 种样品理论上的排列秩次，则 $r_1 \leqslant r_2 \leqslant \cdots \leqslant r_P$，其中至少有一个不等式成立。计算统计量 L：

$$L = r_1 + 2r_2 + \cdots + Pr_P$$

如果 L 值大于表 2-48 中对应数值，则说明样品间有显著性差异。如果评价员人数 J 或样品数 P 超出表 2-48 范围，可用统计量 L' 进行检验：

$$L' = \frac{12L - 3JP\ (P+1)^2}{P\ (P+1)\ \sqrt{J\ (P-1)}}$$

当 $L' \geqslant 1.65$（$\alpha = 0.05$），$L' \geqslant 2.33$（$\alpha = 0.01$）时，可以判定样品间有显著性差异。

表 2-48   Page 检验临界值表

评价员人数 J	样品数量 P										
	3	4	5	6	7	8	3	4	5	6	7	8
	显著性水平 $\alpha = 0.05$						显著性水平 $\alpha = 0.01$					
7	91	189	338	550	835	1204	93	193	346	563	855	1232
8	104	214	384	625	950	1371	106	220	393	640	972	1401
9	116	240	431	701	1065	1537	119	246	441	717	1088	1569
10	128	266	477	777	1180	1703	131	272	487	793	1205	1736
11	141	292	523	852	1295	1868	144	298	534	869	1321	1905
12	153	317	570	928	1410	2035	156	324	584	946	1437	2072
13	165	343	615	1003	1525	2201	169	350	628	1022	1553	2240
14	178	368	661	1078	1639	2367	181	376	674	1098	1668	2407
15	190	394	707	1153	1754	2532	194	402	721	1174	1784	2574
16	202	420	754	1228	1868	2697	206	427	767	1249	1899	2740
17	215	445	800	1303	1982	2862	218	453	814	1325	2014	2907
18	227	471	846	1378	2097	3028	231	479	860	1401	2130	3073
19	239	496	891	1453	2217	3193	243	505	906	1476	2245	3240
20	251	522	937	1528	2325	3358	256	531	953	1552	2360	3406

三、 快感评分检验（ hedonic scale test ）

1. 快感评分检验法的基本方法

快感评分检验法要求评价员将样品的品质特性以特定标度的形式来进行评价的一种方法。采用的标度形式可以是9点快感标度、7点快感标度或5点快感标度。标度的类型可根据评价员的类型来灵活运用，有经验的评价员可采用较复杂或评价指标较细的标度，如9点快感标度；如果评价员是没有经验的普通消费者，则尽量选择区分度大一些的评价标度，如5点快感标度。标度也可以采用线性标度，然后将线性标度转换为评分。

评分检验法可同时评价一个或多个产品的一个或多个感官质量指标的强度及其差异。在新产品的研究开发过程中可用这种方法来评价不同配方、不同工艺开发出来产品质量的好坏，也可以对市场上不同企业间已有产品质量进行比较。可以评价某个或几个质量指标（如食品的甜度、酸度、风味等），也可评价产品整体的质量指标（产品的综合评价、产品的可接受性等）。

2. 快感评分检验的评价单

在给评价员准备评分表时要明确采用标度的类型，使评价员对标度上点的具体含义有相同或相近的理解，以便于检验的结果能够反映产品真实感官质量上的差异。表2-49所示为某牛乳公司评价三种不同杀菌方式生产的牛乳风味是否有差异时采用的评价单。

表2-49　　　　　　　　　　　　快感评分检验的评价单

快感评分检验法评分表

样品：

姓名：　　　　　　　　　　　　　　　　　日期：

请在品尝前用清水漱口，在您面前有3个3位数字编码的牛乳样品，请您依次品尝，然后对每个样品的总体风味进行评价。评价时按下面的5点标度进行（分别是：风味很好、风味好、一般、风味差、风味很差）。在每个编码的样品下写出您的评价结果。

评价的标度：　风味很好

风味好

风味一般

风味差

风味很差

样品编码：　　　273　　　　　　424　　　　　　837

评级的结果：　　…………………………………………………………

风味评价结果　　（　　）　　　（　　）　　　（　　）

感谢您的参与。

四、 接受性检验 (acceptance test)

1. 接受性检验的类型

接受性检验是感官检验中一种很重要的方法，主要用于检验消费者对产品的接受程度，既可检验新产品的市场反应，也可通过这种方法比较不同公司产品的接受程度。通过接受性检验获得的信息可直接作为企业经营决策的重要依据，比其他消费者检验提供更大的信息。

接受性检验根据实验进行的场所不同分为实验室场所、集中场所和家庭情景的接受性检验共三种主要类型。在某种程度上实验室场所和相对集中场所比较相近，评价员都集中在一起进行感官评价，而家庭使用情景的检验差别就比较大，每个家庭情况不同，检验时间也不一样，因此得到的结果会有所差异。不同类型接受性检验之间的主要区别是：检验程序、控制程序和检验环境不一样。不同类型接受性检验的特征见表2-50。

表2-50 不同类型接受性检验的特征

项 目	实验室场所	集中场所	家庭场所
评价员类型	员工或当地居民	普通消费者	员工或普通消费者
评价员数目	25~50	100个以上	50~100
样品数量	少于6个	最多5个或6个	1~2个
检验类型	偏爱，接受性	偏爱，接受性	偏爱，接受性
优点	条件可控，反馈迅速，评价员有经验，费用少	评价员数量多，没有员工的参与	环境接近食用环境结果，反映了家庭成员的意见
缺点	过于熟悉产品，信息有限，不利于产品的开发	可控性差，没有指导，要求评价员较多	可控性较差，花费较高

2. 接受性检验的方法

在进行食品的接受性检验时，通常是采用9点快感标度来进行评价对产品的喜好程度。对于儿童评价员则可以用儿童快感标度。表2-51所示为9点快感标度的评价单。

接受性检验的结果分析与评分检验法的统计分析方法相同。首先将快感标度换算为数值，然后进行统计分析，分析方法为 t 检验或方差分析。

例：某食品公司研究开发人员开发了一种烘焙油产品A，为了了解消费者对这种油烘焙的蛋糕是否喜欢，从市场购买了两种同类型的产品B、C，用快感标度对3种样品的喜好程度进行检验（3种油同时用相同的配方工艺烘焙蛋糕）。挑选了16名评价员进行评价（$n=48$）。采用7点快感标度进行评分：+3表示非常喜欢；+2表示很喜欢；+1表示喜欢；0表示一般；-1表示不喜欢；-2表示很不喜欢；-3表示非常不喜欢。检验结果见下表。试比较三种烘焙油的可接受性是否有差异（表2-52）。

表 2-51 接受性检验评价单

接受性检验

产品名称：

评价员姓名：   日期：

请在开始前用清水漱口，如果需要您可以在检验中的任何时间再漱口。请仔细品尝所呈送给您的样品，确认下面对产品总体质量的描述中哪个最适合描述您的感受，请将相应的样品编码写在相应的位置。

样品编码：   349   429   918

评价结果：□非常喜欢

□很喜欢

□喜欢

□稍喜欢

□一般（既不喜欢，也不厌恶）

□稍不喜欢

□不喜欢

□很不喜欢

□非常不喜欢

感谢您的参与。

表 2-52 接受性检验结果统计表

样品（蛋糕）	+3	+2	+1	0	-1	-2	-3	总分
A	2	4	5	2	2	1	0	15
B	2	2	4	4	2	1	1	7
C	0	1	3	4	3	2	1	-5

对接受性检验中采用的方差分析方法与评分检验方法中的方差分析方法是相同的。先计算出每个样品的得分，然后计算样品平方和及误差平方和，最后计算出方差 F 值。

计算每个样品的得分：

样品 A 的得分 = $(+3) \times 2 + (+2) \times 4 + (+1) \times 5 + (0) \times 2 + (-1) \times 2 + (-2) \times 1 + (-3) \times 0 = 15$；同理得样品 B、样品 C（见上表）。

样品得分总和：$T = A + B + C = 15 + 7 - 5 = 17$

计算平方和：

$$C = \frac{T^2}{ab} = \frac{17^2}{3 \times 16} = 6.0$$

$$SS_T = \sum_{i=1}^{a} \sum_{j=1}^{a} x_{ij}^2 - C = 111.0$$

$$SS_A = \frac{1}{b} \sum_{i=1}^{a} T_A^2 - C = \frac{1}{16} \left[15^2 + 7^2 + (-5)^2 \right] - 6.0 = 12.7$$

$$SS_e = SS_T - SS_A = 111.0 - 12.7 = 98.3$$

自由度计算：

总自由度 $\nu_T = ab - 1 = 48 - 1 = 47$，样品自由度 $\nu_A = a - 1 = 3 - 1 = 2$，误差自由度 $\nu_e = (a-1)(b-1) = 2 \times 15 = 30$。

均方差的计算：

样品均方差 $MS_A = 12.7/2 = 6.4$，误差均方差 $MS_e = 98.3/30 = 3.3$

由于 $F_{0.05, 2, 30}$ 大于计算出的 F 值，由此可以判断三种烘焙油的接受性没有明显差异。

🔍 思考题

1. 整体差别检验与特性差别检验的区别是什么？

2. 如果有 4 个相似的产品需要比较，请选择合适的方法，并简述理由。

3. 成对比较检验如何确定单尾还是双尾，举例说明。

4. 简述差别检验和描述分析的特点及区别。

5. 如何建立感官描述词？

6. 为什么需要建立专门的感官描述词？它与消费者语言有何区别？

7. 试做表比较几种描述分析的优缺点。

8. 在产品开发阶段如何选择使用差别检验还是描述分析？产品推广阶段又如何？

9. 与时间相关的检验都有哪些？各自有什么特点？

10. 情感检验有哪些？具体如何操作？

11. 情感检验的应用范围和目的是什么？

12. 试简述几大类感官检验对评价员有哪些具体要求？

第三章

感官分析实验室

教学目标

了解食品感官分析实验室的作用、功能区域、基本要求。

目前执行的感官分析实验室一般导则国际标准依然是 ISO 8589：2007，与之等效的是 GB/T 13868—2009《感官分析　建立感官分析实验室的一般导则》。国家标准规定了建立感官分析实验室的一般条件，包括功能空间要求，实验室区域的环境要求，评价实验室的温度、湿度、照明、色调、噪声要求等。该标准适用于食品及其他产品的感官评价，对于特定产品检验，需要按要求进一步修改。

感官分析实验室的功能空间一般应包括：①供个人或小组进行感官评价工作的检验区；②用于制备评价样品的制备区；③办公室；④更衣室和盥洗室；⑤供给品贮存室；⑥样品贮存室；⑦评价员休息室。实验室至少应具备：①感官评价工作的检验区；②样品准备区。图 3-1 所示为两种感官分析实验室的平面结构图。

感官分析实验室应远离铁路、公路干线、厂区内主要交通干线（距离铁路 700~1000m，公路 80~100m，厂内公路 20~50m）和振动较大的车间；应尽可能远离锅炉房，并布置在锅炉房全年主导风向的上风侧；附近应没有食堂、托儿所以及人员密集的场所。导则规定了感官分析实验室的功能区块，而实验室需要的面积和具体布置等可根据各单位的实际情况自行安排。

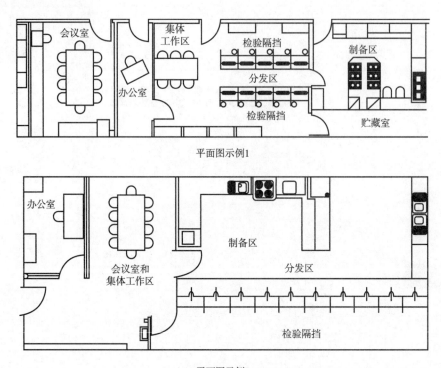

平面图示例1

平面图示例2

图 3-1　感官分析实验室平面图示例

第一节　食品感官分析实验室的要求

一、灯　光

人眼最适合白天自然光，感官分析实验室的采光可以利用自然光，但自然光随时间、季节不同而变化很大，必要时可采用窗帘和百叶窗调节光线。但是作为一个需要恒定实验条件的感官分析实验室，其照明一般还是以采用灯光照明为好，灯的色温为 6500K，可使用荧光灯或发光二极管（LED）灯，无频闪，避免炫光。采用人工照明时，需解决空间亮度合理分布的问题，以光线垂直照射到样品表面上不产生阴影为宜。电气照明分为一般照明、局部照明和混合照明。整个房间或房间某部分的照度基本上均匀的为一般照明；局限于工作部位的固定或移动照明为局部照明；混合照明由一般照明和局部照明共同组成。食品感官分析一般采用混合照明。

在感官分析实验室还应设置可以调节照度、颜色和照射角度的光源，这是因为对某些质量特性如失光和污斑等，在特殊颜色的灯光下比在普通灯光下显示得更清楚；裂痕、凹陷等外形及质地缺陷在倾斜的投射强光下能产生鲜明的阴影，而在散射光下则不容易被发现；但是极光亮试料上的失光点或轻微的色差却只能在很柔和或散射的光线下才能觉察到。大多数感官分析室实验区的适宜照度在 200~400lx，分析样品外观或色泽的实验，需要增加实验区亮度，使样品表面光亮达到 1000lx 为宜。

某些检验产品风味、滋味、组织时，为掩蔽样品不必要、非检验变量的颜色或视觉差异，需要用特殊色光遮盖一些明显的颜色，这是因为产品的外观色泽会给评价员带来某些特定的概念。遮盖灯光根据样品不同可以使用红色、绿色、黄色灯光，可以采用彩色光源，也可以在荧光灯上使用不同色的滤光片获得特殊色光。

二、温度和湿度

如果环境的温度、湿度使人感到不适，人体会感到烦躁、焦虑，对味觉、嗅觉等的敏感度会有很大影响，所以实验区最好能达到恒温、恒湿，使评价员处于舒适的环境中。一般室温控制在 21~25℃，相对湿度 50%~60%。

三、气　味

感官分析的环境必须是无味的，单独的实验间容易产生和存留不需要的气体。实验区应设置换气设备和空气过滤设备，最好能在分析室中形成一个微小的正压，以减少空气从样品制备室流进分析室，使实验区保持一个清新的空气环境。分析室内每分钟的换气量最好为室内容积的 2 倍；空气流速应小于 0.3m/s，否则会影响产品气味的嗅入。空气过滤设备中一般选用活性炭吸附气味，2~3 月应更换一次。

四、噪　声

噪声会影响人的听力，使人的血压升高，呼吸困难，唾液分泌减退，还会使人产生不快、焦躁感，注意力下降、工作效率降低等。一般谈话的音量是 50~60dB，感官分析实验室环境的噪声要求低于 40dB。为了防止噪声，可以采取音源的隔离、吸音处理、遮音处理、防振处理等方法。例如，将感官分析实验室建立在远离道路、机械噪声源和人员必经通道附近；用吸音材料制作分析室墙壁，以木架安装的胶合板、硬纸板等适于低音的吸音，软质的纤维板、吸音纤维板、玻璃棉等适于高音的吸音；对机械噪声源采用遮音壁和吸音构造降低噪声；对振动源安装防振橡胶。实验区内禁止安装电话。

五、装饰材料和颜色

实验区的建筑材料应易于清洁，不吸附和不散发气味。实验区内的设施和装置如桌椅、试验器具等都应该是无味的。实验室应尽量减少使用织物，因其易吸附气味且难以清洗。墙面和天花板的表面应光滑、不起尘、易清洁、耐水、耐湿、耐油污、耐腐蚀、耐磨、耐火、耐冲击、有弹性。

室内的色彩要有助于提高室内明视效果，改善采光照明的效果；要适应人的视觉特点，明朗开阔，有助于消除疲劳。实验区墙壁和内部设施的颜色应为中性色，以免影响对被检样品颜色的评价，一般使用乳白色或中性浅灰色，地板和椅子可适当使用暗色。

第二节　食品感官分析实验室的设计

一、　独立评价室

每个独立评价室应具备如下单元：①工作台，能够放置评价样品、器皿、回答表格和笔，或用于传递回答结果的计算机等设备。②舒适的座位，座椅下应安装橡皮滑轮，或将座位固定，以防移动时发出响声。③信号系统，使评价员在做好准备和检验结束可通知检验主持人。④可用于样品传递的窗口，窗口应带有滑动门或其他装置以能快速地紧密关闭，窗口应足够宽大以保证顺利传递样品。⑤照明系统，应为可调控的、无影的和均匀的。并且有足够的亮度以利于评价。需要具有下列设备之一，以掩蔽样品的颜色或其他特性的差别：a. 调光器；b. 彩色光源；c. 滤色器；d. 单一光源，如钠灯。⑥数字或符号标示，使评价员能识别就座。图 3-2 所示为一种样品传递窗口的实景图。

图 3-2　样品传递窗口

独立评价室内最好备有水池，并准备有盖的漱口杯和漱口水。安装的水池应控制水温、水的气味和水的响声。有些感官评价需要感官分析师/评价小组组长现场观察和监督，可在检验区设立座席供其就座。

独立评价室的数目一般为 5~10 个，根据检验区实际空间的大小和检验类型确定数量，并保证检验区内有足够的活动空间和提供样品的空间。独立评价室互相相邻又分别独立隔开，隔板宽度应超出工作台面高度 0.3m 以上，以避免评价员的相互交流以及视觉、听觉的干扰，也可从地面一直延伸至天花板，使评价员完全隔开，但同时要保证空气流通和清洁。

独立评价室的空间大小应保证评价员能舒适地进行评价，工作台至少有 900mm 长，600mm 宽，桌椅高度适当。内部应涂成无光泽、亮度因数为 15% 左右的中性灰色（如孟塞尔色卡 N4 至 N5），当被检样品为浅色和近似白色时，评价室内部的亮度因数可为 30% 或者更高（如孟塞尔色卡 N6)，以降低待测样品颜色与评价室之间的亮度对比。图 3-3 所示为几个感官分析实验室的实景图。

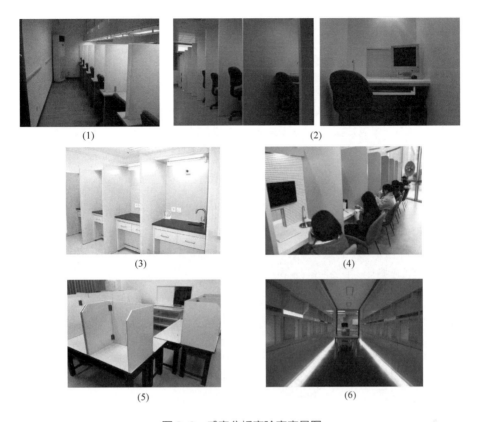

(1)　　　　　　　　　　　　　　(2)

(3)　　　　　　　　　　　　　　(4)

(5)　　　　　　　　　　　　　　(6)

图 3-3　感官分析实验室实景图

注：（1）为感官分析实验室的空间布置和灯光设置方式；（2）为有显示交流终端的评价室，评价单和答题都在终端完成，提交给控制端；（3）为有水池的评价室；（4）为有显示交流终端和水池的评价室；（5）为简易隔断的评价空间；（6）为样品传递通道。

二、　样品准备区

样品准备区应紧邻检验区，以方便制备好的样品提供到评价室的送样台。样品准备区通道和检验室通道应各自独立，应避免评价员误入制备区，以防止评价前的接触影响其感官响应和判断。

样品准备区需要的设施主要有：①工作台；②水池；③用于制备样品的必要设备（容器、盘子、天平等）；④用于样品的烹调、烹调的控制、保存及用于清洁的必要电器设备（如炊具、烤箱、温度控制器、冰箱、冷冻机、洗碗机等）；⑤仓贮设施；⑥辅助设施。样品准备区的排风系统必须完好，要防止制备样品的气味进入检验区。样品准备区的地板、墙壁、天花板等应无味、无吸附性；制备和保存样品的器具应采用无味、无吸附性的惰性材料制作，并保持清洁。图 3-4 所示为一个样品准备区实景图。

图3-4 样品准备区

三、 集体讨论区

集体讨论区是评价员集体工作的场所，用于评价员之间的讨论或评价员的培训、授课等。集体讨论区应较宽敞，可容纳一张大型桌子及5~10把舒适的椅子，设置黑板或投影仪等。桌子应较宽大，以容纳每位评价员的检验用具及样品。桌子应配有可拆卸的隔板，使评价员相互隔开，单独评价，示意图见图3-5，实物图见图3-6。

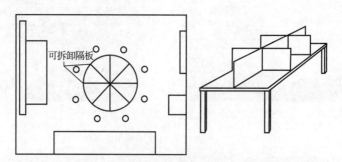

图3-5 用于个人检验或集体工作的带有可拆卸隔板的桌子

图3-6 集体讨论区

四、办公室

办公室是进行感官检验辅助工作的场所，应靠近检验区并与之隔开。办公室应有适当的空间，使感官分析师能实施计划的检验、问答表的设计、结果数据的统计分析、报告撰写，以及与客户沟通、讨论实验方案等。主要设施有立柜、工作台、电话、计算机、打印机等。有条件的办公室可配置网络终端，与独立评价室的电脑相连，实时观察和分析评价结果。

五、辅 助 区

若条件允许，可在检验区附近建立休息室、更衣室和盥洗室等辅助设施，但应建立在不影响感官评价的地方。设置用于存放清洁和卫生用具的区域非常重要。

> **🔍 思考题**
>
> 1. 食品感官分析实验室必须具备哪些功能区域？
> 2. 怎样保证每一个独立评价室都不受他人的噪声、气味干扰？
> 3. 为了屏蔽酱色对红烧肉香味的预判，应该怎样使用灯光？

感官评价小组

教学目标

1. 理解和实操感官评价员的筛选、培训和考核，了解筛选评价员过程中设置的每一个测试的目的，能够根据最终项目的需求设计筛选测试。
2. 能够结合主客观条件进行评价员的培训，并定期对评价员进行考核。
3. 熟悉考核评价员的方式方法。

尽管电子鼻、电子舌、质构仪、色谱仪等先进仪器已被广泛用于产品的感官测评，但综合判断的可靠依据依然有赖于人的感官，没有任何机器的精密和复杂能够和人相媲美，只有人类具有同时动用各种体验器官，并且有整合交错复杂感知的能力。

在产品研发或者改进的过程中，面对同一领域同时存在的数十种不同产品，它们各自具有怎样的感官性质？它们之间的差别在哪里？消费者更喜欢怎样的产品？怎样使得自己的产品具有优于竞争对手的表现？我们需要有更多的科学手段来了解自己以及竞争者的产品，凭借专家或者开发者的个人经验来决定产品的感官特性的方法已经远远不能胜任当今竞争激烈的市场经济的要求，我们需要一个第三方群体来给出意见。

评价组是指以感官评价为目的的选定的具有特定资格的人群，评价组成员称为评价员。如前所述，感官分析根据不同的目的，可以分为两大类，即分析型感官分析与喜好型感官分析，因此评价组也相应地被分为感官评价组和消费者评价组两类。

喜好性分析是根据评价者的个人偏好对产品进行分析和打分，这种判断属于个人的主观评价，因而不需要专门的训练，也不要求他们具有食品感官分析的经验和专门知识。从表面上看，食品生产企业的人员最有资格从事食品偏爱分析，因为他们与所生产的食品关系最为密切，并具有食品的有关知识和经验，但实际上正因为如此，企业人员容易产生偏见，并对质量特征过分敏感。参与喜好性评价的人员必须能代表广大消费者，人员的组成应综合考虑年龄、性别、职业、居住地区、生活水平以及对该产品的购买频度等因素。

在本章中，我们只讨论提供客观分析的感官评价小组。

第一节　感官评价小组的招募和筛选

一、　感官评价员的要求

感官评价小组的表现直接决定了测试的结果和质量。所以从项目初期的评价员招募开始，管理者需要制订完善的计划。评价员的来源可以是公司的内部职工，但从客观性及稳定性考虑，一般倾向于选用外来消费者，原因是内部职工通常自身有固定的工作要完成，虽然可以参与感官评价，但时间不稳定，常常无法出席感官培训和测试，而且对于产品常常带有主观印象，尤其是研发部、生产部及质检部的职工，由于每天接触产品，对产品的性质、配方、工艺有深层次的了解，这会对要求客观评价的感官测试产生影响。所以，除非感官评价被作为员工的日常工作之一，在其部门经理的支持下进行，并且员工的工作内容与产品开发生产关联较小，否则不推荐使用公司内部职工。

感官评价员在招募时需要特别关注的主要因素：

（1）时间充裕性及稳定性　为了保证进度，评价员需要定期参加培训及测试，如每周 2 次。并且当评价小组建立之后，希望可以长期稳定地参与感官测试。由此，确认候选人的时间充裕及稳定是第一甄选条件。一般来说，家庭主妇/自由职业者/退休人员是比较合适的人选，学生和待业人员因为生活安排会很快随着毕业及就业发生改变，不是良好的选择。

（2）动机、积极性和消费背景　感官评价员能够成为长期的职业，关键在于成员对此项工作的喜欢程度，这将会影响小组的稳定性及表现。在招募过程中，管理者需要确认候选人有无特殊的饮食习惯，或者地域性的饮食特点，是否会对某些待测产品形成主观偏见；对产品是否熟悉，以及对尝试新产品是否有较大的兴趣，所表达的能长期从事感官评价工作的动力因素等。候选人的动机也需要仔细评估，避免选择只是为了一时兴起或者只是为了报酬而来的人，这类人员可能过了一段时间便失去兴趣，或者当另一份更高报酬的机会到来时便选择离开。评价员的培训需要投入大量的人力、物力和时间，重新训练新人往往需要花费更多。

（3）年龄和性别　由于人的感官机能会随着年龄的增长而退化，青年人在感觉敏锐方面高于老年人，评价员的年龄一般不超过 65 岁，越年轻越好。但低于 28 岁甚至 25 岁的候选人要更仔细地确认时间与动机。关于性别的影响，男女在感知和记忆上都存在差异。在相同条件下，除视觉器官外，其他各种感觉器官通道的感知觉灵敏度女性都优于男性，但这不是绝对的，只要看看有多少男性大厨、调香师、品酒师我们就能知道许多男性也具有非常好的感官素质。对于男性候选人，还需要另外作一确认，即考查长期与多位女性一起工作的态度，因为评价小组常常是以女性为主。

（4）健康状况　候选人需要确定自己的身体完全可以承担感官评价工作，排除包括心脏病、高血压、糖尿病、皮肤病等各种可能因参加产品测试工作而加重病情的慢性疾病，以及影响集体工作的传染病等（候选人通过筛选后会被要求提供医院出示的健康证明）。同时还需要了解候选人的过敏源，以免其可能出现在被测试产品中。

（5）表达能力　进行描述性检验时，评价员的表达和描述能力显得特别重要，因此在挑选这一类评价员时,对其语言表达能力必须给予特别关注。

二、 感官评价候选人员的招募

招募的过程通常分为两步:首先通过初步招募问卷了解候选人的基本情况,可以使用电话问卷或网上问卷来完成,然后进行面试,面试可以直面候选者,更细致地了解情况。一般来说,候选人应安排目标人数的3~4倍,例如,目标是组成一支15人的评价小组,到最终的感官能力筛选环节参与测试的候选人至少需要45人。如果没有时间进行单独的面试,那就需要事先招募更多的人,以便在能力筛选测试当日进行简单的面试。

在面试或者网上问卷收集信息时,需要同时收集一些必要的信息,以方便后期的筛选(框图4-1),如身体健康状况以及是否对食物过敏等信息都是极为重要的。值得注意的是,评价员一般属于兼职,很多评价员会同时参与多家单位的评价工作,有时候为了防止相互影响,在招聘时需要避免此类人员。另外在相关行业工作的人员,包括亲属从事相关行业工作的人员也应该避免招聘进入感官评价小组。

框图4-1 个人信息

姓名:	性别:	出生日期:

住址:

身份证号码:	是否有假牙?

联系电话:	教育程度:

工作经验:

你在别的公司担任过感官评价员吗?
　　　　□ 有　　　　□ 没有

如果有,请问是什么地方?

请问你的家人情况?在什么行业工作?请简单描述一下。

饮食习惯

你在节食吗?　　　　□ 是　　　□ 不是

你最喜欢的食物是哪些?＿＿＿＿＿＿＿＿＿＿＿＿＿＿＿＿＿＿＿

你不太爱吃的食物有哪些?＿＿＿＿＿＿＿＿＿＿＿＿＿＿＿＿＿＿

哪些食物你从来都不吃?＿＿＿＿＿＿＿＿＿＿＿＿＿＿＿＿＿＿

续框图

过敏情况说明

您是否有下列的过敏情况？若有，请选择"是"，没有则选择"不是"	是	不是
谷物类及其制品的麸质过敏，如小麦、黑麦、大麦、燕麦等		
海鲜类及其制品，甲壳纲类过敏		
海鲜类及其制品，软体类过敏		
鸡蛋及其蛋制品		
鱼类及其制品		
花生及其制品		
豆类及其制品		
牛乳及乳制品，乳糖不耐		
坚果类及其制品，如杏仁、榛子、大核桃、腰果、山核桃、小核桃、夏威夷果等		
芝麻及其制品		
芹菜及其制品		
豌豆类产品		
芥末类及其制品		
热带水果类，如杧果、番木瓜等		
亚硝酸盐类		
其他，请标注：		

健康情况说明

	是	不是
你是否吸烟？	☐	☐
你是否有以下疾病？	☐	☐
－ 哮喘	☐	☐
－ 频繁的口腔溃疡	☐	☐
－ 花粉症	☐	☐
－ 支气管炎	☐	☐
－ 糖尿病	☐	☐
－ 消化道疾病	☐	☐
－ 高血压	☐	☐
－ 高胆固醇	☐	☐
－ 频繁的鼻部感染	☐	☐
－ 偏头痛	☐	☐

....

我保证我认真阅读及回答了以上的信息，确保信息是正确、有效的事实。

签名：   日期：

三、　感官评价员的筛选

筛选评价员的原则是选择感官能力最强，并且最适合参加培训及测试的候选人。我们需要设计一系列的感官测试及非感官测试来挑选最佳人员。一般来说，整个筛选过程可以分为2次测试，每次约为2h。测试需要在专业的感官分析实验室进行，由每个候选人在分隔的测试间里独立完成。在此部分，我们会介绍常用的测试方法。在实际操作过程中，可以根据组建评价小组的目的，所要评价的产品等进行选择最适合的测试内容。

1. 基本味辨别能力

基本味辨别是考察评价员最基础的味觉感知能力。基础味觉包括甜、酸、苦、咸、鲜，有时候根据需要也会加入涩、金属味等一些其他感官特征进行考核。制备明显高于阈水平的材料的样品（表4-1），每个样品准备两份随机编上不同的3位数码，再加上清水作为混淆样，一起提供给候选人，让其根据感知的结果进行分类。

表4-1　　　　　　　　　　基础味觉溶液配比　　　　　　　　　　单位：g/L

基本味觉	材料	水溶液浓度	基本味觉	材料	水溶液浓度
甜	蔗糖	5.76	涩	鞣酸	1
酸	酒石酸/柠檬酸	0.43		或硫酸钾铝	0.5
苦	咖啡因	0.5		或豕草花粉苷	0.5
咸	氯化钠	1.19		（栎精）	
鲜	谷氨酸钠	0.4	金属味	七水硫酸亚铁	0.01

注：鞣酸溶解度较差；七水硫酸亚铁是最好的金属味代表性物质，但其有淡绿色，检查时要遮盖颜色。

筛选时可以用框图4-2进行测试。

框图4-2　基本味鉴别测试

测试说明：

欢迎参加口味测试，请先填写好姓名和日期。在本轮测试种你将收到12杯样品，请品尝这些样品并回答下列问题。可以重复品尝。样品可以咽下或者吐到空杯子里。在品尝2个样品之间，请用清水漱口或吃一些饼干清口。你一共有10min来完成这项测试。有什么问题请举手。请开始！

问卷

姓名：_____　　　　　　　　　　日期：_____

请按照指示品尝样品，并将样品编码填写到相应味道的框中。

口味	编码
不知道，没尝出来	
甜味	
咸味	
苦味	
酸味	
鲜味	
清水	

---

2. 基本味浓度差异辨别能力

同样是属于味觉能力的一部分，这一部分是考察评价员对于同一口味不同浓度的区分能力。一般根据评价的目的选择基本味中的 1~2 项进行考核，如果是全能型评价员则可以进行全项考核。

该部分考核通常采用排序测试，为了增加难度，可以设置重复项，即使用重复相同浓度的样品让候选人排序。

考虑到在实际产品中甜味的变化范围比较广，表 4-2 中提供两个不同的浓度范围，可以根据目标产品的特征来选择考核浓度，也可以都进行考核。该部分考核通常采用排序测试，为了增加难度，可以设置重复项，即使用重复相同浓度的样品让候选人排序。筛选时可以用框图 4-3 进行测试。

表 4-2　　　　　　　　　　　　基础味觉浓度梯度溶液配比　　　　　　　　　　单位：g/L

口味	材料	浓度 1	浓度 2	浓度 3	浓度 4
甜味（低浓度）	蔗糖	2.00	4.00	7.00	10.50
甜味（甜浓度）	蔗糖	90.00	100.00	110.00	120.00
咸味	氯化钠	1.00	1.50	2.00	2.50
苦味	咖啡因	0.15	0.28	0.40	0.55
酸味	柠檬酸	0.20	0.25	0.30	0.38

框图 4-3　基本味排序测试

测试说明：

　　请先填好你的姓名和日期。在本轮测试中你将收到 8 杯样品，它们是同一种味道的不同浓度的样品。请品尝这些样品，圈出它们的口味，并将他们按照从弱到强的次序排列。可以重复品尝。样品可以咽下或者吐到空杯子里。在品尝 2 个样品之间，请用清水漱口或吃一些饼干清口。你一共有 8min 来完成这项测试。有什么问题请举手。请开始！

问卷

姓名：_____　　　　　　　　　　日期：_____

请按照指示品尝样品，先圈出样品的味道，排序并将样品编码按次序填写到下列的方框中。

样品的口味是：　| 甜 |　| 酸 |　| 苦 |　| 咸 |　| 鲜 |

口味强度从弱到强的次序是：

_____ _____ _____ _____ _____ _____ _____ _____

弱　　　　　　　　　　　　　　　　　　　　　　　　　　　　　　　　　　　　　强

---

3. 嗅觉辨别能力

可以选用6~8个香精来进行嗅觉能力的测试（表4-3）。香精应该根据小组以后需要评价的产品来选择，如果汁评价小组，我们就可以选择一系列相关的果味/甜味香精。气味测定方法有直接法和鼻后法两种，直接法是最常用的方法，使用标有3位编码的包含嗅条、瓶子或空心胶丸纸进行测试。鼻后法是从气体介质中评价气味，如通过放置在口腔中的嗅条或含在嘴中的水溶液评价气味。

表4-3　　　　　　　　　　　　部分气味描述检验样品

样品	气味描述	样品	气味描述
香兰素	乳香，冰淇淋	肉桂醛	肉桂
苯甲醛	苦杏仁	β-紫香酮	紫罗兰
柠檬醛	柠檬	丁香酚	丁香花
乙酸异戊酯	香蕉	二丙烯基硫化物	大蒜
橘油	橘子	二甲基噻吩	烤洋葱头
薄荷油	薄荷	乙酸	醋
樟脑	樟脑丸	丁酸	氧化发蛤的黄油

注：除了以上列出的化学物质之外，也可以使用实物或者香精作为气味来源，注意使用实物时需要遮蔽，以免通过视觉识别气味。

气味测试可以包含几个方面：

①气味的感知：提问候选人是否感知到气味的存在，避免候选人有相关气味的嗅觉缺失情况。

②气味的辨识：提问候选人所闻到的是何种物质的气味。

筛选时可以用框图4-4进行测试。

框图4-4　气味辨别测试

测试说明：

首先请填写你的姓名和日期。在本轮测试中你将辨别16种生活中常见的气味，你将依次收到装有气体的小瓶子，请轻拿轻放，不要倒置。在下面的问卷中列出了20种气味的描述词，包含了所有要测试的16个气味。请听到口令后再打开瓶子闻，不要离瓶口太近，可以用手轻扇。将瓶子上的编码填写在下列问卷中相应的气味后面。你一共有16min来完成这项测试，每个气味1min。有什么问题请举手。请开始！

问卷

姓名：_____　　　　　　　　　日期：_____

请按照指示进行测试，将瓶子上的编码填写在相应的气味后面。

续框图

气味	编码	气味	编码
草莓		肉桂	
牛乳		紫罗兰	
香草		醋	
咖啡		大蒜	
丁香		烤洋葱	
苹果		柠檬	
香蕉		杏仁	
橘子		菠萝	
薄荷		杧果	
樟脑丸		椰子	

4. 嗅觉记忆能力

嗅觉不同于味觉，味觉阈值和个体差异关系密切，并且通过培训提高能力的条件有限，因此主要通过筛选来获得较为优秀的评价员。嗅觉敏感度要高于味觉，绝大多数人都可以感知气味的存在和变化，然而气味种类繁多，记忆有一定难度，可以通过培训来提高评价员的分辨能力。本部分内容旨在考查评价员的可培训能力，即经过培训以后对气味的记忆能力。

在测试前先给予候选人一定数量的气味物质，并告知名称，在此期间可以帮助候选人掌握这些气味的特征，可以通过讨论、描述、类比等方式让候选人熟悉并记住气味特征。然后候选人可以先参与其他测试，在一段时间后让候选人重新对这些气味进行分辨，此时这些气味以 3 位随机数字编码的形式呈送。筛选时可以用框图 4-5、框图 4-6 进行测试。

框图 4-5　气味记忆测试（第一部分）

测试说明：

　　在本轮测试中你将学习 12 种气味，你将依次收到装有气体的小瓶子，请轻拿轻放，不要倒置。请听到口令后再打开瓶子闻，不要离瓶口太近，可以用手轻扇。记住每个气体的特征，可以相互讨论来帮助记忆，但不可以记笔记。你一共有 12min 来完成这项测试，每个气味 1min，闻完以后请讲瓶子还给工作人员或传递给旁边的测试者。有什么问题请举手。请开始！

框图 4-6　气味记忆测试（第二部分）

测试说明：

　　首先请填写你的姓名和日期。在本轮测试中你将辨别 12 种刚才学过的气体，你将依次收到装有气体的小瓶子，请轻拿轻放，不要倒置。在下面的问卷中列出了 16 种气味的描述词，包含了所有要测试的 12 个气味。请听到口令后再打开瓶子闻，不要离瓶口太近，可以用手轻扇。将瓶子上的编码填写在下列问卷中相应的气味后面。你一共有 12min 来完成这项测试，每个气味 1min。有什么问题请举手。请开始！

续框图

问卷

姓名：_____   日期：_____

请按照指示进行测试，将瓶子上的编码填写在相应的气味后面。

气味	编码	气味	编码
冬青		酸乳	
芥末		白酒	
酱油		西瓜	
柚子		八角	
芦荟		鸡肉	
蓝莓		牛肉	
桃		孜然	
梨		草果	

---

5. 质地鉴别能力

测试候选人鉴别质地的能力主要通过排序测试来进行。不要选择太复杂的质地来进行测试，并需要给出一个清楚的定义，以免引起理解歧义（表4-4）。筛选时可以用框图4-7进行测试。

表4-4　　　　　　　　　部分质地鉴别检验样品

特征	强度		
	弱	中	强
汁水感	香蕉	哈密瓜	西瓜
黏感	奶油	糖浆	巧克力酱
光滑感	苏打水	脱脂奶	巧克力乳
持续时间	果葡糖浆	冰糖	三氯蔗糖

框图4-7　口感打分测试

测试说明：

请先填写你的姓名和日期。每组测试有3个样品，请根据下列要求的项目将这3个样品的号码按次序和强弱程度标明在标尺上。每组测试有3min时间。有什么问题请举手。请开始！

问卷

姓名：_____   日期：_____

续框图

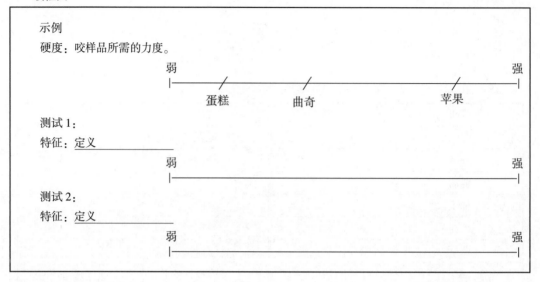

示例

硬度：咬样品所需的力度。

测试 1：

特征：定义 _____

测试 2：

特征：定义 _____

6. 质地描述能力

测试候选人对于产品感官性质进行观察及感受的能力，也包括了对其语文及词汇水平的考察。选择 2~3 种相关产品，产品之间需要有一定的差别。在题目说明时，需要使候选人明白，所要进行的叙述是客观的描述，而不是带有个人情感的产品使用报告。需要避免类似"我欣赏""讨厌的"等词语。该测试进行时可以提供样品（表 4-5），一边品尝一边描述，也可以不提供样品，让候选人凭借记忆进行描述。通常会要求描述几组产品，而仅提供部分产品，以此来考察候选人的描述能力。筛选时可以用框图 4-8 进行测试。

表 4-5   部分样品质地描述参考

样品	关键质地描述	样品	关键质地描述
橙子	多汁的	麦芽糖	黏稠的、柔软的、有延伸性的
油炸土豆片	脆的、有嘎吱响声的	结晶糖块	结晶的、硬而粗糙的
胡萝卜	硬的、有嘎吱响声的	栗子泥	面团状的、粉质的
梨	多汁的、颗粒感的	奶油冰淇淋	软的、奶油状的、光滑的
面包	疏松的、有弹性的、多孔的	牛肉干	粗糙的、纤维状的、硬的
果冻	光滑的、柔软的、多汁的、有弹性的	炖牛肉	明胶状的、弹性的、纤维质的
藕粉糊	胶水般的、软的、糊状的、胶状的		

框图 4-8   口感描述性测试

测试说明：

请先填写你的姓名和日期。根据你的经验来回答下列问题，尽量描述得详细些。有什么问题请举手。请开始！

续框图

问卷

姓名：_____　　　　　　　　　日期：_____

按要求回答下列问题。

1. 请详细的描述牛乳和酸乳之间的差别？

2. 请从各个方面描述一下你面前三种巧克力的差异。

3. 请详细的描述你面前两种面包的质地差异。

---

7. 细微差别的感知能力

这部分测试是考察候选人的整体感知能力，能否区别具有席位差别的样品，一般不提供具体的说明，旨在考察候选人对样品整体的把握能力。当然根据具体项目的需求，可以安排不同的测试内容，比如要求评价员对甜味产品进行评价时，需要评价员对于甜味有更强的感知能力，则测试可以使用更多的甜味样品。本部分测试可以使用任意一种差异测试方法，在实际操作中一般使用三点检验或者 R 指数检验，重复 5 次或更多，来监测正确率。筛选时可以用框图 4-9、框图 4-10 进行测试。

框图 4-9　差异性测试——三点检验

测试说明：

请先填写好你的姓名和日期。这个测试一共有 3 个样品，其中 2 个是一样的，1 个样品和其他 2 个不同，请按照样品给你的次序，从左到右品尝，并找出不同的那个样品。在品尝中间可以用水或饼干漱口。你有 3min 来完成测试。有什么问题请举手。请开始！

问卷

姓名：_____　　　　　　　　　日期：_____

将样品上的编码按照从左到右的次序填写在下列的方框内，并按次序品尝样品，圈出你认为不一样的那个样品。

| 211 | | 378 | | 549 |

框图 4-10 差异性测试——R 指数检验

测试说明：

请先填写好你的姓名和日期。这个测试一共有 4 个样品，标有字母 R 的为参照样，请先品尝并熟悉，然后按次序依次和参照样做对比，并填写下列问卷。在品尝中间可以用水或饼干漱口。你有 5min 来完成测试。有什么问题请举手。请开始！

问卷

姓名：_____   日期：_____

1. 样品编码：_____
和参照样相比，这个样品符合下列哪种情况？
□ 一样的，我肯定。
□ 一样的，但我不是很确定。
□ 不一样，但我不是很确定。
□ 不一样，我很确定。

2. 样品编码：_____
和参照样相比，这个样品符合下列哪种情况？
□ 一样的，我肯定。
□ 一样的，但我不是很确定。
□ 不一样，但我不是很确定。
□ 不一样，我很确定。

3. 样品编码：_____
和参照样相比，这个样品符合下列哪种情况？
□ 一样的，我肯定。
□ 一样的，但我不是很确定。
□ 不一样，但我不是很确定。
□ 不一样，我很确定。

8. 色盲/色弱测试

本测试为非必须，如果评价员不需要对产品的外观颜色等做出细致评价，则可以不做此测试。筛选时可以用框图 4-11 进行测试。

框图 4-11 色盲色弱测试

测试说明：

请先填写你的姓名和日期。你看到的这本书是色盲色弱检测本，下表中的数字为页码，请将提供的图书翻到相应的页面，阅读其中的图案，请将看到的数字，图形或动物填写在下列表格里，没看出来的填×。每页 5s 时间。有什么问题请举手。请开始！

续框图

问卷

姓名：＿＿＿＿＿＿＿＿　　　　　　日期：＿＿＿＿＿＿＿＿

页码	结果	页码	结果
1		23	
2		24	
4		25	
6		26	
7		27	
8		28	
17		29	
18		30	
19		32	
20		33	
21		34	
22		35	

9. 逻辑/智力测试

作为非感官测试的一部分，首先需要考察候选人是否有良好的智力与逻辑判断力，是否适合接受培训和开展评价工作。考察的题目难易程度应适中，不易过难而给候选者造成太大压力。可以选用一些数学问题，尤其是标尺的运用。也可以结合语文的内容。

例1：请在标尺上标注出阴影部分的比例（可选用不同难度，10题左右），如框图4-12所示。

框图4-12　尺度测试

测试说明：

请先在问卷上填好你的姓名和日期。在测试中你将看到10个图，请按照比例在横线上将黑色部分表现出来，比如下面的示例1中，黑色部分占整体的1/4，在横线的1/4的地方画线。横线从左到右表示0~1。一共3min来完成。有什么问题请举手。请开始！

续框图

示例：

0 ——————/—————————— 1

0 ————————————/———— 1

问卷

姓名：_____   日期：_____

1.   0 —————————————————— 1

2.   0 —————————————————— 1

3.   0 —————————————————— 1

4.   0 —————————————————— 1

5.   0 —————————————————— 1

续框图

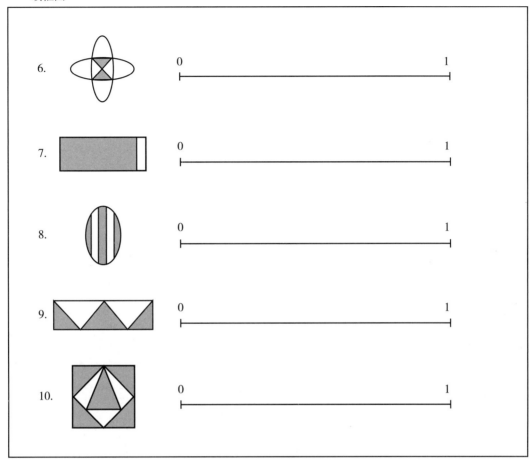

答案见表4-6：

表4-6　　　　　　　　　　　　　　测试问卷答案

图	比例	图	比例
1	4/5	6	1/8
2	1/8	7	1/8
3	1/4	8	1/2
4	1/4	9	1/2
5	1/8	10	3/4

例2：请找出规律，并填空。

　　1，2，4，____，16，32

例3：请选出与其他词不同的词。

　　种田，爬山，吃饭，运动，喝茶

　　光滑，凉爽，粗糙，柔软

10. 记忆力测试

本测试旨在考察候选人的短期记忆能力。筛选时可以用框图 4-13 进行测试。

框图 4-13　记忆测试

测试说明：

请先填写好你的姓名和日期。这是一个记忆测试，你将听到 20 个非常常见的词语，我们将朗读 2 遍。在朗读的过程中请不要记录，在听到信号后再将记得的词语写在下面的问卷里，计时 3min。不用按照听到的次序写。还有问题吗？开始读词语。

问卷

姓名：＿＿＿＿＿＿＿＿＿　　　　　　　　日期：＿＿＿＿＿＿＿＿＿

将所有你记得的词语写在下面表格里，不用按次序。接受拼音和别字。

---

11. 其他能力

评价小组作为一个团队工作，个人与集体之间的合作能力也是不能忽视的一个方面。过于害羞或者过于霸道都会对团队带来不利的影响。可以由 6~8 人组成一组，在限定时间内给予一个话题进行讨论，或者给出一个题目寻找解决方案，在小组进行讨论时，观察每个人的表现。

同时在整个考察过程中需要全程观察候选人的表现。例如，自主答题能力，是否在讨论中起主导作用，是否会盲从；在单独测试中是否会交头接耳，询问答案；是否能够很好的理解问卷说明；是否有违纪的现象；等等。这些主观表现可以结合面试结果给候选人一个综合评价。

12. 评分标准参考

（1）基本味辨别能力　理论上要求全对，针对特定项目的评价员可以有一定的放宽。将此测试放在第一个是因为该测试要求最高，如果不能通过该测试则被判定为直接淘汰，可以不进行后续测试。

（2）基本味浓度差异辨别能力　理论上每一组排序可以允许一个跨序错误（即 1 位排到 3 位），或者两个邻序错误（即 1 位排到 2 位）。

（3）嗅觉辨别能力　嗅觉分辨测试可以结合嗅觉记忆能力来看，理论上嗅觉分辨能力正确率需要达到 60% 以上，如果嗅觉记忆测试正确率达到 90% 以上则可以适当放宽嗅觉分辨能力的成绩。

（4）嗅觉记忆能力　嗅觉记忆测试的合格线一般设置在 75% 正确率。

（5）质地鉴别能力　理论上应该全对，该测试进行前需要讲解特征及其定义，要让候选人理解所测试的特征。另外样品准备时需要先行品尝确认，以免特征差别太小无法分辨。

（6）质地描述能力 该测试为主观题，可以根据答题情况进行评级，一般中等偏上水平即可。

（7）细微差别的感知能力 差异性测试一般要求60%以上的正确率，可以根据样品的差异程度确定最终的评分标准。

（8）色盲/色弱测试 参考色盲书评分标准。

（9）逻辑/智力测试 一般要求正确率在80%以上。

（10）记忆力测试 一般要求正确率在80%以上。

考核结束后根据评分结果录取候选人，不达标的直接淘汰，其他候选人择优录取，注意剔除团队合作即测试表现较差的。一般考核通过率在30%左右。

第二节　感官评价小组的培训

一、　差别分析小组的培训

经过感官能力筛选的人员，也就是说具有正常感知能力的人员可以直接参与差别测试。在有些需要提高评价员辨别能力的情况下，可以针对产品类别进行一些基础感官培训。这些培训旨在综合培养评价员更加灵敏的差别感知能力，在培训过程中，样品制备应由易到难、循序渐进。在进行味觉培训时，可以由小组领导者挑选一些不同浓度的基础口味水溶液，或一些不同程度质地的样品等进行，在有一定的经验或敏感度之后，可用实际的食品或者饮料作为培训。如在进行甜味培训时可由2°Bx的甜度差逐渐降低到0.5°Bx的甜度差，同时可以添加不同的香气来混淆感官，从而增强评价员对该种刺激的熟悉程度和鉴别能力。在进行嗅觉培训时，使用与产品特征相符合的香精及其水溶液，之后变幻产品的味道和包装（如橙味香精的蔗糖溶液与盐溶液，感官评价间的红色、绿色灯光等与气味无关的条件）来增加评价员对特征的熟悉程度和鉴别能力。差别分析小组的培训需要大量的重复性测试，并且一段时间之后敏感度下降还需要重新培训，以增强刺激。用于培训和检验的样品应具有市场产品的代表性（表4-7）。差别分析小组的培训不需要进行小组描述词汇集等工作。

表4-7　　　　　　　　　　　　差别检验方法培训使用的样品

序号	样品材料	浓度
1	表4-3中的材料	
2	表4-5中的材料	
3	糖精	100mg/L
4	硫酸奎宁	200mg/L
5	葡萄柚汁	

续表

序号	样品材料	浓度
6	苹果汁	
7	黑刺李汁	
8	冷茶	
9	蔗糖	10g/L、5g/L、1g/L、0.1g/L
10	己醇	15mg/L
11	乙酸苯甲酯	10mg/L
12	第4、7、9条中各材料的混合	
13	酒石酸加六己醇	分别为300mg/L、30mg/L；或分别为700mg/L、15mg/L
14	黄色的橙味饮料；橙色的橙味饮料；黄色的柠檬味饮料	
15	（连续品尝）咖啡因、酒石酸、蔗糖	分别为0.8g/L、0.4g/L、5g/L
16	（连续品尝）咖啡因、蔗糖、咖啡因、蔗糖	分别为0.8g/L、5g/L、1.6g/L、1.5g/L

二、 描述分析小组的培训

1. 感官属性表（attribute list）的建立

感官属性表，或称为描述词表，是将用来对产品的外观、气味、声音、口味、口感、质地等感官特征进行描述的词汇或符号的集合，是样品所处的产品类别内，被用来比较的"必要信息表"。制订感官属性表是定量描述分析测试过程中最早进行的工作，也是最重要的工作之一。一张准确完整的感官属性表是感官评价小组进行培训及对产品进行感官评价的基础。

建立某一类产品或一组产品的感官属性表时，我们需要通过评价小组对该类别的多种产品，或对该组所有产品进行描述，而不能单单从某一两个产品出发，以免有所缺漏。

感官属性表的建立方法：对于产品描述词的建立是需要严谨而又需要发散性思维的工作。常用的方法如下：

①熟悉产品：让评价小组接触产品，可以使用属于同一产品类别，但又有差异的产品，它们可以是需要测试的产品也可以是同类别的市场样品。

②自发生成词汇：自发生成词汇是指先由评价员对于产品类别内的不同产品进行逐个描述。注意要认真挑选适合的产品来进行第一步的词汇汇集，这样才能在初期对该产品类别有全面的了解，不至于遗漏某些感官属性。

这是一项需要评价员单独完成的工作：对每个产品的外观、气味、口味、质地、声音等各个方面尽可能详尽地进行描述。小组领导者并不参与其中，但可以协助评价员找到他们想要表达的词汇，并且提醒他们不要使用情感词汇，避免使用重复词汇等。在这个阶段结束后，我们需要将评价员所用到的所有描述词全部列入草稿中，通常会得到一个非常长的词汇表草稿。

③词汇的精简：初始的词汇集生成之后，评价小组领导者要与评价员进行讨论，对上一步得到的词汇进行提炼与总结以得到最精练有效的列表。不合适的词汇可依据以下法则进行剔除：

适合的：所选的词必须是与该类产品相符合的，语法上正确的。

描述性的：不能出现类似"令人愉悦的"的情感词汇。

独立的：避免有重复含义的词汇。例如"坚硬的""刚硬的"中可能需要选择一个。

一维的：例如"柔软""坚硬"不能同时出现在一张词汇表上。

精简之后的词汇还要需要根据每个描述词的性质，将它归类到外观、气味、口味、质地等类别下。例如，"光滑的"它既是一个触觉上的质地，也可能是一个视觉上的质地。

注：精简词汇还可以运用统计学的方法进行，这个方法分析性更强，但过程比较复杂，本章节将不与介绍，读者可以参阅 ISO 11035。

④完整的感官属性表：根据上一步完成描述词表只是感官属性表的一部分。一张完整的感官属性表通常包括以下 5 个要素：属性名称、属性定义、评价操作、尺度定义、参照物。

属性名称：代表某个感官指标的符号。例如，整体气味、甜味、脆度等。

属性定义：对名称进行注释，使评价员准确理解属性的含义。例如，咸度：NaCl 水溶液的味觉感受；薯片的脆度：用后牙咬碎薯片时发出的声音轻或响的程度。

评价操作：主要对一些有特殊评价方法的感官属性进行进一步的说明，也规定了评价员正确接受感官刺激的方法。例如，在评价气味时应浅吸不要深吸，吸的次数也不能太多，以免嗅觉混乱和疲劳；品尝液体和固体样品时，规定可吃多少，样品在嘴中停留的大约时间，咀嚼的次数以及是否可以咽下等。

尺度定义：对于属性词使用的尺度两端进行说明。例如，"无——强""软——硬"。

参照物：感官属性表的附加内容，记录了用于对该属性进行培训的物质。参照物的确定可以在稍后的培训过程中进行完善。

举例说明如下：

例 1　　　　　　　　　　　　　橙汁的甜味

属性名称	属性定义	评价操作	尺度定义	参照物
甜味	蔗糖水溶液的味觉感受	饮用适量橙汁	无——强	强：50g/L 蔗糖溶液

例 2　　　　　　　　　　　　　面霜的油腻感

属性名称	属性定义	评价操作	尺度定义	参照物
油腻感	面霜膏体在皮肤上抹开时，皮肤感受到的滑腻程度	食指挑取黄豆大小膏体，在手背皮肤上进行顺时针打圈	弱——强	弱：清爽乳液　强：凡士林

2. 评价小组的培训

（1）认知培训　认知培训包括两个部分：理解感官属性的含义和掌握相关的感官感受。这个部分是对于完整的感官属性表的学习与理解，确保每一个感官属性它的定义及评价操作标准被每个学员所熟知。在字面理解的基础上，使用合适的参照物来使评价员正确掌握该属性的感官感受。

例如，上文所提到的薯片脆度：用后牙咬碎薯片时发出的声音的轻或响的程度，要在评价员对这个属性在字面上充分理解后，提供薯片进行品尝，确保每个评价员都在咬碎薯片的过程中直观感受到这个声音，从而对脆度的概念有了统一固定的感官认知。

（2）感官培训 在评价员可以对感官属性进行准确的认知之后，需要开始对他们区分不同属性强度的能力进行培训。可以分为两个阶段，第一阶段是区别能力的培训，目标是使得评价员对同一属性的不同强度能够区别。常使用的方法有三点检验、五中取二检验、排序检验等。在制备培训样品时，可先由差别明显的样品开始，继而使用差别较小的样品。并且在嗅觉和味觉培训中，最初的培训样品可由水溶液给出，在有一定经验后可用实际的产品替代。

在培训过程中要求评价员独立完成练习，不要与邻座讨论，以培养独立判断的能力。

第二阶段是定量描述能力，在评价员能够灵敏地区分不同强度的属性之后，进入定量培训的阶段，也就是尺度的使用练习。这一阶段培训过程中，参照物的确定与使用非常重要。至少要挑选两个参照物来代表尺度两端的强度，有条件的话可以再设置一个尺度中间的参照物。

关于标尺，对于经过培训的评价员，通常采用连续性的 7~11 点的标尺，分值根据应用环境的不同，可以使 0~10，也可以是 1~9 等。通常标尺的左端代表无或者弱的趋势，右端代表强或明显的趋势。

标尺示例1：　　 0 ├ -- ┤ 10

标尺示例2：　　 无 ▢▢▢▢▢▢▢▢▢ 强

培训的方法需要小组领导者根据评价小组的掌握情况进行灵活安排。常用的方法包括：在培训初期，将 3 个具有不同强度的样品呈现给评价员，首先进行排序，而后提供标准参照物对样品进行打分；到培训后期，单独呈现某一个样品进行打分（此样品需要初期已有比较标准的分值记录），打分后可以与记录分值作比较，如果误差较大，再提供参照物进行复习和校正。整个培训所需的时间由感官属性数量的多少、产品的难易程度以及对于测试结果精度的要求来决定。理想状态是一次培训针对一个感官属性展开，但操作上经常在一次培训中涉及多个属性。

表 4-8 所示为《感官分析　选拔、培训与管理评价员一般导则　第 1 部分：优选评价员》（GB/T 16291.1—2012）推荐的有关味道和气味培训阶段所使用的样品。最初使用的基液是水，然后引入实际的食品和饮料以及混合物。

表 4-8 使用标度培训的样品

序号	样品材料	浓度
1	表 4-5 中的材料	
2	蔗糖	10g/L；5g/L；1g/L；0.1g/L
3	咖啡因	0.15g/L；0.22g/L；0.34g/L；0.51g/L
4	酒石酸	0.05g/L；0.15g/L；0.4g/L；0.7g/L
5	乙酸乙酯	0.5mg/L；5mg/L；20mg/L；50mg/L
6	干酪：成熟的硬干酪、成熟的软干酪	
7	果胶凝胶	
8	柠檬汁和稀释的柠檬汁	10mg/L；50mg/L

总体来说，一个新种类产品的培训至少不低于 10h 的总培训时间，而对于新招募的评价小组还要增加一定的基础培训时间。

第三节 感官评价小组的考核

在培训的结束阶段，我们需要对小组的评价工作进行质量检查。

对评价小组整体质量的检查有 3 个主要指标，分别是（对于每个感官属性单独分析）：

区别力（discrimination power）：评价小组对于不同强度属性的分辨能力。

一致性（homogeneity）：评价员们对于某一属性在不同产品内的强弱高低有相似的判断。

重现性（repeatability/reproducibility）：在重复评价过程中，对于相同产品的同一属性评价结果。

质量检查方法：选用 4~5 个同类别、有差异的产品进行正常的定量描述分析测试，并且进行 2 轮重复。对测试数据结果进行分析后，根据方差分析（ANOVA）的结果进行判断（数据供参考）：

区别：产品效应 P 值<5%；

一致：对产品的评价员交互效应 P 值≥5%；

重现：评价员的重复评价 P 值≥5%。

除了判断标准之外，通常还要制订绩效指标（key performance indicator），即 3 个指标的达标率，来最终判断评价小组是否合格，可否进入正式测试阶段。例如，规定在质量检查测试后，80%的感官属性要求小组表现足够的区别力，70%达到一致性，90%达到重现性等。

需要根据实际情况来制订，如产品间差别的细致程度、产品本身的稳定程度、对结果精度的要求、相关的投资额大小等。

得到小组质量检查结果之后，小组领导者应根据存在问题的感官属性进行复习。

对小组的质量控制除了培训末期的检测之外，在平时的培训中，小组领导者需要跟踪每个评价员的表现，以达到最好的培训效果。评价员个体的质量检查主要是区别力和重现性的检查。区别力可参照小组整体的检查方法，重现性检查较为简单的方法是，计算相同样品相同属性在不同轮次中评价员给出分数的标准方差。参考标准：7 点标尺，标准方差不大于 1.2；10 点标尺，标准方差不大于 1.5。

GB/T 16291.1—2012 提供了考核候选评价员操作正确性、稳定性和一致性的详尽方法。

一、 差别检验评价员的考核

1. 区别能力的考核

采用三点检验方法。采用需要评价的真实样品，提供 3 个一组共 10 组样品，让候选评价员将每组样品区别开来。根据正确区别的组数判断候选评价员的区别能力。

2. 稳定性考核

经过一定的时间间隔，再重复上述考核。比较两次正确区别的组数，根据两次正确区别的样品组数的变化情况判断该候选评价员的操作稳定性。

3. 一致性考核

用同一系列样品组对不同的候选评价员分别进行区别能力的考核。根据各候选评价员正确区别的样品组数判断该批候选评价员差别检验的一致性。

二、 分类检验评价员的考核

1. 分类正确性考核

让候选评价员分别评价一组包括感官指标合格与不合格的 P 个样品。合格用数字 0 表示，不合格用数字 1 表示。统计分类正确的数字，进行二项式分布检验，考核候选评价员分类的正确性。

2. 分类稳定性考核

经过一段时间，对同一样品组让某一候选评价员重复进行分类正确性考核，然后进行Mcnemar检验，以考核该候选评价员的分类稳定性。具体做法如下：

（1）对所评价的样品按前后两次检查结果分为 (0, 0)、(1, 1)、(0, 1)、(1, 0) 4 类。统计结果为 (0, 1) 的个数记作 m，结果为 (1, 0) 的个数记作 n。

（2）计算概率

$$P = \sum_{K=0}^{\min(m, n)} C_{m+n}^{K} \left(\frac{1}{2}\right)^{m+n}$$

式中 $\min(m, n)$——m 与 n 中的最小者；

C_{m+n}^{K}——$m+n$ 个元素中 K 个元素的组合。

（3）若所得概率 P 小于指定的显著性水平，则认为该候选评价员缺乏稳定的判别能力，必须更换或再培训。若所得概率 P 大于指定的显著性水平 α，则认为该候选评价员通过了这次检验。

例：为检验某一评价员对所进行的分类评价的产品是否有稳定的判别能力，取 12 个产品让其检查，产品分为合格和不合格两类（合格记 0，不合格记 1）。经过一段时间，产品的检查顺序重新随机安排，再作第二次检查。两次检查结果如表 4-9 所示：

表 4-9   12 个产品的检查结果

品尝次数	样品											
	1	2	3	4	5	6	7	8	9	10	11	12
第一次	0	1	0	1	0	0	1	1	0	1	0	0
第二次	0	0	0	0	0	0	1	1	0	0	1	0

对 12 个产品按两次检查结果分为 (0, 0)、(1, 1)、(0, 1)、(1, 0)，4 类统计结果为 (0, 1) 的个数 m 为 1，结果为 (1, 0) 的个数 n 为 3，计算 $m+n=4$，$\min(m, n)=1$。

$$\sum_{k=0}^{\min(m, n)} C_{m+n}^{K} \left(\frac{1}{2}\right)^{m+n} = \sum_{k=0}^{1} C_{4}^{K} \left(\frac{1}{2}\right)^{4} = 0.31$$

本例取显著性水平 $\alpha=0.10$，由于 $0.31 > 0.10$，所以认为该候选评价员通过了分类稳定性考核。

3. 分类一致性考核

为了评价 q 个评价员对 P 种样品的分类评价是否一致，可使用 Cochran 的 Q 检验，具体做法如下：

（1）对 q 个候选评价员分别进行分类正确性考核，将结果记入表 4-10：

表 4-10　　　　　　　　　　　　分类一致性考核记录表

评价员	样品					和
	1	2	…	$p-1$	p	
1						T_1
2						T_2
…						…
$q-1$						T_{q-1}
q						T_q
和	L_1	L_2	…	L_{p-1}	L_p	

（2）计算 Q 值

$$Q = \frac{q(q-1)\left[\sum_{j=1}^{q} T_j^2 - \left(\sum_{j=1}^{4} T_j\right)^2 / q\right]}{q\sum_{i=1}^{p} L_i - \sum_{i=1}^{p} L_i^2}$$

（3）将统计量 Q 值与自由度为 $q-1$ 的 χ^2 分布数值（附录二）比较，若 Q 值大于或等于相应的 χ^2 则认为这批候选评价员的分类评价显著不一致。若 Q 值小于相应的 χ^2 则认为这批候选评价员通过了分类一致性检验。

例：8 名候选评价员对 10 个产品进行分类评价，分为合格、不合格两类（合格为 0，不合格为 1）。评价结果记入表 4-11：

表 4-11　　　　　　　　　　　　10 个产品的评价结果

评价员	样品										和	记号
	1	2	3	4	5	6	7	8	9	10		
A	1	1	1	1	0	0	0	0	1	1	6	T_1
B	1	1	0	0	1	0	0	0	0	1	4	T_2
C	0	1	0	1	0	0	0	0	0	1	3	T_3
D	1	0	0	0	0	1	0	0	0	0	2	T_4
E	0	0	0	0	0	0	0	1	0	0	1	T_5
F	0	0	0	0	0	0	0	0	0	0	0	T_6
G	0	0	0	0	0	0	0	0	0	0	0	T_7
H	0	0	0	0	0	0	1	0	0	0	1	T_8
和	3	3	1	2	1	1	1	1	1	3	17	
记号	L_1	L_2	L_3	L_4	L_5	L_6	L_7	L_8	L_9	L_{10}		

计算各行各列的和 L_i （i = 1, 2, …, 10）, T_i （i = 1, 2, …, 8）:

$$\sum_{j=1}^{10} L_i = \sum_{j=1}^{8} T_i = 17$$

$$\sum_{i=1}^{10} L_i^2 = 3^2 + 3^2 + 1^2 + 2^2 + 1^2 + 1^2 + 1^2 + 1^2 + 1^2 + 3^2 = 37$$

$$\sum_{j=1}^{8} T_j^2 = 6^2 + 4^2 + 3^2 + 2^2 + 1^2 + 0 + 0 + 1^2 = 67$$

查 χ^2 表（附录二），对应 α = 0.05，自由度 $q-1$ = 7 的 χ^2 值为 14.07，由于 Q = 17.46 > χ^2 (7, 0.05) = 14.07，所以各评价员的评价不一致是显著的。

三、 排序检验评价员的考核

1. 排序正确性考核

将一系列特性强度已知的样品提供给候选评价员排序。根据候选评价员排序的错误的次数，考核其排序的正确性。

$$Q = \frac{q(q-1)\left[\sum_{j=1}^{8} T_j^2 - \left(\sum_{j=1}^{8} T_j\right)^2 / q\right]}{q\sum_{i=1}^{p} L_i - \sum_{i=1}^{p} L_i^2}$$

$$= \frac{8(8-1)(67 - 17^2/8)}{8 \times 17 - 37} = 17.46$$

2. 排序稳定性考核

可用 Spearman 秩相关检验，具体做法如下：

（1）让同一候选评价员在不同的时间对同一系列的 P 个样品排序，将排序结果记入表 4-12。

表 4-12　　　　　　　　　　　　排序稳定性考核记录表

次数	样品			
	1	2	…	P
	秩次			
第一次	r_{11}	r_{12}	…	r_{1p}
第二次	r_{21}	r_{21}	…	r_{2p}
两次秩次差	d_1	d_2	…	d_p

（2）计算秩相关系数

$$\rho = 1 - \frac{6\left(d_1^2 + d_2^2 + \cdots + d_p^2\right)}{P(P^2 - 1)}$$

（3）根据指定的显著性水平 α 值所对应的临界值表找出相应的临界值 ρ_α（附录三）。

若 $\rho < \rho_\alpha$，则认为该候选评价员缺乏稳定的判断能力。若 $\rho \geq \rho_\alpha$，则认为该候选评价员通过了排序稳定性考核。

例：让某候选评价员从好到坏的顺序将 6 个样品排序，过一段时间让他对这 6 个样品重新排序，记录两次结果如表4-13所示：

表4-13　　　　　　　　　　　　　　排序稳定性考核结果

次数	样品					
	A	B	C	D	E	F
	秩次					
第一次	4	2	1	3	6	5
第二次	3	1	2	4	6	5
两次秩次差	1	1	−1	−1	0	0

计算秩相关系数 ρ

$$= 1 - \frac{6\ (d_A^2 + d_B^2 + \cdots + d_P^2)}{p\ (p^2 - 1)}$$

$$= 1 - \frac{6\ (1+1+1+1+0+0)}{6\ (6^2 - 1)}$$

$$= 0.886$$

查相应于 $\alpha = 0.05$，$\rho = 6$ 的 Spearman 秩相关临界值表，得 $\rho_\alpha = 0.829$，因为 $\rho = 0.886 > 0.829$，所以认为该候选评价员通过了这次检验。

3. 排序一致性考核

作 Friedman 检验，具体做法如下：

（1）将 q 个评价员对 p 个样品的评价结果记入表4-14。

表4-14　　　　　　　　　　　　　　排序一致性考核记录表

评价员	样品			
	1	2	…	p
	秩次			
1	r_{11}	r_{12}	…	r_{1p}
2	r_{21}	r_{21}	…	r_{2p}
…				
q	r_{q1}	r_{q1}		r_{qp}
秩和	R_1	R_2	…	R_p

（2）计算 F 值

$$F = \frac{12}{qp\ (p+1)}\ (R_1^2 + R_2^2 + \cdots + R_p^2)\ - 3q\ (p+1)$$

（3）查相应的 Friedman 表（附录四），找出对应于 p、q 的值 $F_{p,q}\ (\alpha)$，若 $F \geqslant F_{p,q}\ (\alpha)$，则可得出各候选评价员的评价基本上是一致的结论，说明他们通过了排序一致性考核。若 $F < F_{p,q}\ (\alpha)$，则说明他们没有通过排序一致性检验。当评价的样品数 p 或评价员数 q 超过 Friedman 表中 p、q 值时，临界值可取自由度为 $p-1$ 的 χ^2 表中的相应的值。

例：由5位候选评价员分别评价5种产品。结果如表4-15所示：

表 4-15   排序一致性考核结果

评价员	样品				
	1	2	3	4	5
	秩次				
A	2	4	5	1	3
B	1	4	5	2	3
C	1	5	4	2	3
D	1	5	4	3	2
E	1	5	4	2	3
秩和	6	23	22	10	14

$$F = \frac{12}{pq\,(p+1)} \sum_{i=1}^{p} R_i^2 - 3q\,(p+1)$$

$$= \frac{12}{5 \times 5 \times 6}\,(6^2 + 23^2 + 22^2 + 10^2 + 14^2)\, -3 \times 5 \times 6$$

$$= 17.6$$

式中，p 为产品数，q 为评价员数。查 Friedman 临界值表，对应于 $\alpha = 0.05$，$p = 5$，$q = 5$ 的临界值 $F_{5,5}\,(0.05) = 8.96$。因为 $F = 17.6 > F_{5,5}\,(0.05) = 8.96$，所以可断定评价员的评价基本上是一致的。

四、 评分检验评价员的考核

1. 评分区别能力的考核

对每个评价员评价结果作方差分析，具体做法如下：

（1）让每个候选评价员给 p 组样品评分，每组由 3 个同种样品组成，各组样品不相同。按随机次序分发样品，必要时可分几次评价。评价记入表 4-16。

表 4-16   评分区别能力统计表

样品组	评价员								总平均
	1		...	j		...	q		
	分数	平均		分数	平均		分数	平均	
1	r_{111}			r_{1j1}			r_{1q1}		
	r_{112}	$\bar{r}_{11}$		r_{1j2}	$\bar{r}_{1j}$		r_{1q2}	$\bar{r}_{1q}$	$\bar{r}_{1\ldots}$
	r_{113}			r_{1j3}			r_{1q3}		
2	r_{211}			r_{2j1}			r_{2q1}		
	r_{212}	$\bar{r}_{21}$		r_{2j2}	$\bar{r}_{2j}$		r_{2q2}	$\bar{r}_{2q}$	$\bar{r}_{2\ldots}$
	r_{213}			r_{2j3}			r_{2q3}		
...	...	...		...	...		...	...	...

续表

样品组	评价员									总平均
	1		...	j		...	q			
	分数	平均		分数	平均		分数	平均		
p	r_{p11}			r_{pj1}			r_{pq1}			
	r_{p12}	$\bar{r}_{p1}$		r_{pj2}	$\bar{r}_{pj}$		r_{pq2}	$\bar{r}_{pq}$		$\bar{r}_{p\cdots}$
	r_{p13}			r_{pj3}			r_{pq3}			
平均	$\bar{r}_{\cdot1\cdot}$			$\bar{r}_{\cdot j\cdot}$			$\bar{r}_{\cdot q\cdot}$			$\bar{r}_{\cdots}$

（2）根据表4-16中的值，分别计算q个评价员的方差值，见表4-17。

表4-17 　　　　　　　　　　　评分区别能力计算表

自由度		平方和	均方	F
样品之间 $\nu_1 = p-1$		$SS_1 = 3\sum\limits_{i=1}^{p}(r_{ij\cdot} - r_{\cdot j\cdot})^2$	$MS_1 = SS_1/\nu_1$	
误差 $\nu_2 = p(3-1)$		$SS_2 = \sum\limits_{i=1}^{p}\sum\limits_{k=1}^{3}(r_{ijk} - r_{ij\cdot})^2$	$MS_2 = SS_2/\nu_2$	$F = MS_1/MS_2$
总和 $\nu_3 = 3p-1$		$SS_3 = \sum\limits_{j=1}^{q}\sum\limits_{k=1}^{3}(r_{ijk} - r_{\cdot j\cdot})^2$	$MS_3 = SS_3/\nu_3$	

表4-17中：　　　　　$\bar{r}_{ij\cdot} = \dfrac{\sum_{k=1}^{3} r_{ijk}}{3}$ 　　 $\bar{r}_{\cdot j\cdot} = \dfrac{\sum_{i=1}^{p}\sum_{k=1}^{3} r_{ijk}}{3p}$

（3）查F表（附录五），找出对应于自由度为（ν_1，ν_2）显著性水平为α的F值$F_\alpha(\nu_1, \nu_2)$。

若$F < F_\alpha(\nu_1, \nu_2)$则认为候选评价员对样品的评价缺乏区别能力，若$F \geq F_\alpha(\nu_1, \nu_2)$则认为该候选评价员对样品具有一定的评分区别能力。

例：利用10点评分体系评价不同贮藏时间的食品。从6种不同贮藏时间的6批食品中每批各取3个样品，分别让4名评价员评分，评分结果如表4-18所示：

表4-18 　　　　　　　　　　　4名评价员的评分结果

样品组	评价员								总平均
	1		2		3		4		
	分数	平均	分数	平均	分数	平均	分数	平均	
1	8	8.3	5	7.3	6	6.0	9	8.3	7.50
	8		8		7		8		
	9		9		5		8		
2	6	7.0	6	5.7	5	5.3	7	6.7	6.17
	8		7		4		7		
	7		4		7		6		

续表

样品组	评价员								总平均
	1		2		3		4		
	分数	平均	分数	平均	分数	平均	分数	平均	
3	4	4.7	5	3.3	4	4.0	5	5.0	4.25
	5		2		3		5		
	5		3		5		5		
4	6	5.7	6	5.3	4	3.3	6	5.3	4.92
	6		4		2		5		
	5		6		4		5		
5	4	4.0	3	3.0	4	4.3	4	4.3	3.92
	5		2		4		5		
	3		4		5		4		
6	5	5.7	4	4.3	5	5.0	7	6.3	5.33
	6		2		4		5		
	6		7		6		7		
平均	5.89		4.83		4.67		6.00		5.33

样品自由度 $\nu_1 = p-1 = 6-1 = 5$，残差自由度 $\nu_2 = p(3-1) = 6 \times 2 = 12$。

因为 $F = MS_1/MS_2 = 7.42/0.56 = 13.25$，查附表 $F_{0.01}(5, 12) = 5.06$，因为 $F > F_{0.01}(5, 12)$，所以评价员 1 在 $\alpha = 0.01$ 显著性水平上有区别能力。

方差分析如表 4-19 所示：

表 4-19　　　　　4 名评价员的评分区别能力方差分析

自由度	评价员							
	1		2		3		4	
	MS	F	MS	F	MS	F	MS	F
样品间 $\nu_1 = 5$	7.42	13.25[①]	7.83	2.66[②]	2.80	2.10[②]	6.13	13.93[①]
残差 $\nu_2 = 12$	0.56		2.94		1.33		0.44	
总和 $\nu_3 = 17$	0.75		1.71		1.15		0.67	

注：①在显著性水平 $\alpha = 0.01$ 上显著；②在显著性水平 $\alpha = 0.05$ 上不显著。

从表 4-19 中可见，评价员 1 和评价员 4 在显著性水平 $\alpha = 0.01$ 上具有区别能力，而评价员 2 和 3 没有通过评分区别能力的考核。

2. 评分稳定性考核

MS_2 的计算见表 4-17。根据 $\sqrt{MS_2}$ 值的大小判断该候选评价员评分稳定性程度，其值越大说明其评分稳定性越差。

3. 评分一致性考核

对全部评价结果作两种方式分组的方差分析，具体做法如下：

（1）将 q 个评价员的评价结果汇集如表 4-16 所示，然后计算表 4-17 和表 4-20 中的值。

表 4-20 评分区别能力结果汇总表

自由度	平方和	均方	F
样品之间 $\nu_4 = p-1$	$SS_4 = 3q\sum\limits_{i=1}^{p}(\bar{r}_{i..} - \bar{r}_{...})^2$	$MS_4 = SS_4/\nu_4$	
评价员之间 $\nu_5 = q-1$	$SS_5 = 3p\sum\limits_{i=1}^{q}(\bar{r}_{.j.} - \bar{r}_{...})^2$	$MS_5 = SS_5/\nu_5$	$F_2 = MS_5/MS_7$
交互作用 $\nu_6 = (p-1)\times(q-1)$	$SS_6 = 3\sum\limits_{i=1}^{p}\sum\limits_{j=1}^{q}(\bar{r}_{ij.} - \bar{r}_{...})^2 - SS_4 - SS_5$	$MS_6 = SS_6/\nu_6$	$F_1 = MS_6/MS_7$
误差 $\nu_7 = pq(3-1)$	$SS_7 = \sum\limits_{i=1}^{p}\sum\limits_{j=1}^{q}\sum\limits_{k=1}^{3}(\bar{r}_{ijk} - \bar{r}_{ij.})^2$	$MS_7 = SS_7/\nu_7$	
总和 $\nu_8 = pq-1$	$SS_8 = \sum\limits_{i=1}^{p}\sum\limits_{j=1}^{q}\sum\limits_{k=1}^{3}(\bar{r}_{ijk} - \bar{r}_{...})^2$	$MS_8 = SS_8/\nu_8$	

表 4-20 中：

$$\bar{r}_{.j.} = \frac{\sum_{i=1}^{p}\sum_{k=1}^{3}r_{ijk}}{3p}$$

$$\bar{r}_{i..} = \frac{\sum_{j=1}^{q}\sum_{k=1}^{3}r_{ijk}}{3p}$$

$$\bar{r}_{ij.} = \frac{\sum_{k=1}^{3}r_{ijk}}{3}$$

$$\bar{r}_{...} = \frac{\sum_{i=1}^{p}\sum_{j=1}^{q}\sum_{k=1}^{3}r_{ijk}}{3pq}$$

（2）作方差齐次性检验

计算：

$$C = \frac{MS_{2max}}{\sum_{i=1}^{q}MS_{2i}}$$

式中，MS_{2max} 表示诸 MS_2 中最大值。将 C 值与相应临界值 C_α 比较（附录六），若 $C \geqslant C_\alpha$，说明具有 MS_{2max} 评价员的评价变异性明显大于其他评价员，则剔除该评价员的全部评价结果，重复进行方差齐次性检验，直到通过了该检验为止。

（3）查 F 表找出相应于自由度为 (ν_6, ν_7) 的 F 值 $F_\alpha(\nu_6, \nu_7)$，若 $F_1 \geqslant F_\alpha(\nu_6, \nu_7)$，则说明交互作用显著，这批候选评价员没有通过评分一致性考核。

（4）若 $F_1 < F_\alpha$（ν_6，ν_7），则进一步查 F 表，找出相应于自由度为（ν_5，ν_7）的 F 值 F_α（ν_5，ν_7）。若 $F_2 \geq F_\alpha$（ν_5，ν_7），则说明候选评价员之间有显著性差异，也没有通过评分一致性考核。若 $F_2 < F_\alpha$（ν_5，ν_7），则这批候选评价员通过了评分一致性检验。

例：根据第 124 页评分结果表（表 4-18）结果首先作方差齐次性检验，从第 125 页方差分析表（表 4-19）可见评价员 2 具有最大变异性 $MS_2 = 2.94$，计算：

$$C = \frac{MS_{2max}}{\sum_{i=1}^{4} MS_{2i}} = \frac{2.94}{0.56 + 2.94 + 1.33 + 0.44} = 0.56$$

查附录六中相应显著水平 $\alpha = 0.05$，评价员为 4 的表中值为 0.768。因为 $C = 0.56 < 0.768$，所以通过了方差一致性检验。

再作两种方式分组的方差分析，如表 4-21 所示：

表 4-21 两种方式分组的方差分析

项目	自由度	SS	MS	F
样品之间	5	104.90	20.98	
评价员之间	3（ν_5）	26.04	8.68（MS_5）	6.79（F_2）
交互作用	15（ν_6）	16.04	1.07（MS_6）	0.84（F_1）
残差	48（ν_7）	61.33	1.28（MS_7）	
总和	74	208.31		

查附录六，因为 $F_{0.05}$（ν_6，ν_7）$= F_{0.05}$（15，48）$> F_{0.05}$（15，60）$= 1.84$，而 $F_1 = MS_6 / MS_7 = 0.84 < F_{0.05}$（15，60）$= 1.84 < F_{0.05}$（15，48），说明在 $\alpha = 0.05$ 显著性水平上交互作用不显著。

又因为 $F_{0.05}$（ν_5，ν_7）$= F_{0.05}$（3，48）$< F_{0.05}$（3，30）$= 2.92$，而 $F_2 = MS_5 / MS_7 = 6.79 > F_{0.05}$（3，30）$= 2.92 > F_{0.05}$（3，48），说明在 $\alpha = 0.05$ 显著性水平上评价员没有通过评分一致性考核。

五、 定性描述检验评价员的考核

主要在培训过程中考查和挑选。也可以提供对照样品以及一系列描述词，让候选评价员识别与描述。若不能正确地识别和描述 70% 以上的标准样品，则不能通过该项考核。

六、 定量描述检验评价员的考核

提供 3 个一组共 6 组不同样品，使用评分检验评价员的考核方法考核候选评价员定量描述的区别能力、稳定性和一致性。

七、 再 培 训

优选评价员的评价水平可能会下降，因此对其操作水平应定期检查和考核。达不到规定要求的应重新培训。

在评价小组质量验收合格之后，开始正式测试，也就是感官分析的阶段。定量描述分析的测试安排需要注意以下几点：

（1）确定目标　即使是长期重复测试同一类产品的评价小组，每批次样品的评价也需要单独成为一个测试项目。对于小组的领导者来说，每个测试项目的背景和目的都有可能不相同，这种差别对测试的设计，尤其是后期的报告分析非常重要。例如，果汁项目 A 的背景条件是，研发员在两种果汁里使用了不同浓度的香精，而其他参数无任何变化。我们可以进行一个常规测试，但在结果分析时，可以观察除了在香味浓度上的变化之外，是否有其他属性的差异。如果甜度上发现了差异，就可以提醒研发员，香精浓度的改变也许影响了饮用者对甜度的感知能力。又比如，某种饼干在某个工艺环节上进行了改善，需要了解这个工艺改善对饼干质地的影响，然而送来检测的样品是两款从外观到口味都有明显不同的样品，那评价小组的领导者就必须要求送样方重新制作样品，因为不适当的样品会造成结果的混淆。

（2）问卷设计　问卷可以有两种呈现方式：纸质问卷和电脑问卷。在有条件的情况下，建议使用电脑来制作问卷和采集数据。评价员在电脑上完成问卷可以大大降低数据输入的错误率，并且可以很好地控制测试流程，比如对某些需要在不同时间点进行评价的感官属性，电脑程序可以自动设置打分时间提示，减少误差。

关于问卷格式的设计：问卷的抬头需要注明项目编号、测试日期。继而记录评价员编号、姓名，接下来可以添加测试须知等信息。问卷正文为感官属性及其标尺的列表，标尺需要使用与培训一致的格式。

例：橙汁感官分析　测试编号：023　测试日期：2012 年 10 月 24 日

评价员编号：_____　　评价员姓名：_____　　样品编码：236

测试须知：请在开始评价每个样品前喝几口清水。

总体颜色	0 |————————————————————| 10
橙气味	0 |————————————————————| 10
橙口味	0 |————————————————————| 10
甜度	0 |————————————————————| 10
酸度	0 |————————————————————| 10
余味	0 |————————————————————| 10

……

（3）实验设计

①样品的数量：由于测试时评价员的感知器官会随着时间而产生疲劳，从而影响测试效果。对每次测试活动（1~1.5h），每个评价员所能够测试的产品有数量上的限制。一般来说，较为清淡的、简单的产品可以测试的较多一些，而那些气味、口味浓烈，或者质地复杂的产品则每次能测试的数量有限。例如（在 1h 的测试活动期间），软饮料、果汁类：6 个试样，饼干：4~6 个试样，面霜：4 个试样，方便面：2 个试样。同时需要注意的是，在每个样品之间，评价员需用清水漱口或吃苏打饼干来去除嘴里的余味，气味产品可以闻无味纸巾或者手臂内侧，以休息感知器官。

②样品的呈现

呈现状态：感官评价通常以盲测的形式进行，并进行 3 位编码。样品需要被放置在标准的容器中（塑料小碟、纸杯、玻璃罐等），容器上要用标签纸注明编码。

呈现顺序：对于若干产品的测试，一般采用连续单一测试的方式，也就是说评价员每次只评价一个产品。在产品的呈现上，为了消除呈现顺序的偏差，需要使用拉丁方阵的设计，使每个评价员在同一轮拿到不同的样品，而且每个评价员在整个测试过程中拿到的样品顺序也彼此不同。

相同的产品重复评价 2~3 次时，需要更换其 3 位编码，以保证评价员不会拿到相同编码的两个样品。

样品的准备：对于需要当场准备的样品，要根据事先制订的操作标准，用相同的步骤制备所有的样品，并且注意温度的控制。在呈现样品的容器上贴 3 位编码，分发样品时，要仔细核对问卷上的样品编码是否与实际样品上的标签一致。

③测试前准备

流程表：对于每一次的测试以及培训前，小组领导者必须建立一个流程文件，在其中明确测试或培训的时间、内容安排、所需材料及其数量、注意要点等。

材料准备：实验员或小组领导者要确保实验桌面的清洁，准备清水杯、纸巾、纯净水、废液杯等必需品。检查及记录测试间温度、湿度，打开换气设备，确保没有异味及噪声。

准备问卷：使用电脑系统的要调试好每台实验电脑，确保问卷正常显示及数据的正常保存。纸质问卷检查是否打印完整，是否缺页等。

灯光：根据不同的样品及测试目的，选用不同的灯光颜色。比如若干草莓味果冻有明显不同程度的红色，为了去除颜色差别对测试员在口味评价上的潜在影响，我们要在红光照明下测试。

评价员：测试正式开始前，小组领导者需向评价员说明本次测试的主要流程和操作要求，以使每个评价员顺利完成测试。

第四节　感官分析实验室人员和职责

感官分析实验室运行需要管理人员、科研人员和操作人员。一般典型的感官专业核心团队应包括 5 个人：1 个感官经理、1 个感官专家、2 个感官技术员、1 或 2 个支持人员。经常开展感官测试的公司一般会有含 5 个或更多专业人士，以及与公司需求配套的感官团队；新运行的感官测试公司最少要有 1 个感官经理和 1 个感官技术员。如果每年需完成大约 200 个测试，那至少需要 1 个感官专家、1 个感官技术员和 0.5 个支持人员（注：0.5 表示工作量，即非全职支持人员）。

一、　感官分析管理人员

感官分析管理人员的职责主要是负责制订组织感官分析活动的经济预算，技术和管理制度等，具体如下：

（1）与所有使用感官信息的其他部门保持联系。

（2）组织和管理部门的各项活动。

（3）规划和开发资源，对感官检验要求的可行性提出建议。

（4）质量管理制度和方针的制定并监督实施。

（5）监督指导感官检验过程。

（6）提供项目进展报告，策划和管理研究活动。

（7）设计和实施新方法的研究。

（8）维护和改善标准操作程序。

感官分析管理人员宜为公司或组织中的中层或高层管理人员，以便于其他部门广泛合作，进行有效管理；宜具有产品科学、心理学或其他相关学科（化学、工程和生物学）的专业背景；宜具有良好的人际沟通能力、管理能力、口头和书面表达能力。具体为：

管理能力：具备组织策划，做预算、汇报和修改计划的行政能力；一定的商业和环境知识；以人为受试者时的伦理和实验控制知识；健康和安全要求知识。

科研和技术能力：产品研发和配方设计知识；产品生产和包装知识；实验室系统认识（包括微机化系统和软件的知识）。

感官分析能力：理论知识、方法学知识、感官分析数据采集与分析方法的知识。

沟通和联络能力：与组织内其他部门内部沟通，与组织外客户、工业组织及权威部门等的外部沟通、写作能力。

二、 感官科研技术人员

感官科研技术人员的职责主要是负责设计和实施感官研究，分析和解释感官分析数据，组织管理评价小组的活动、招聘、培训及监管评价员，具体如下：

（1）设计和实施新方法的研究。

（2）资源的规划和开发。

（3）完成管理人员分派的任务。

（4）招聘、选拔、培训评价员。

（5）选择感官检验的程序，进行实验设计与分析。

（6）确定评价小组的特殊需求。

（7）监管从样品准备到感官检验的所有阶段。

（8）培训下属独立完成日常工作。

（9）筛选新评价员并协调其定位。

（10）准备和汇报结果。

（11）制订感官检验程序表。

（12）分析数据和提交报告。

（13）制订和更新计划。

感官科研技术人员宜为公司或组织中的中层管理人员，宜至少具有产品科学和（或）心理学学科的专业背景，该资质可通过短期的感官科学理论培训和实践获得。具体为：

管理能力：具备组织策划，做预算、汇报和修改计划的行政能力；一定的商业和环境知识。

科研和技术能力：产品知识、技术知识、专业背景，接受过统计学培训。

感官分析能力：理论知识、方法学知识，担任评价小组组长或评价员的实践经验；感官检验的设计、实施和评价；感官分析结果的解释及报告的提交。

领导能力：团队领导能力，良好的人际沟通能力，良好的决策能力；小组人员积极性的调动能力。

上述有些能力需要经过专业培训的专业人员来完成，应具备统计学的基础知识，实验设计和数据分析也可由兼职或全职的咨询人员完成。

三、 感官操作员

感官操作员的职责主要为协助感官科研人员进行具体操作，负责感官检验前的样品准备到检验后的后验工作等，具体如下：

（1）实验室的准备。

（2）待测样品的准备和安排。

（3）样品的编码。

（4）感官检验回答表的准备和分发。

（5）满足评价员在整个感官检验过程中的需要。

（6）感官检验的准备和实施。

（7）数据的录入。

（8）数据的初步审核。

（9）感官检验样品及其他材料的备份。

（10）废弃物的处理。

感官操作人员宜具备相关技术背景和技能（如接受过基本的化学实验安全培训，掌握正确准备溶液的实验方法），具体如下：

（1）重要的感官检验知识和实验方法。

（2）责任感和职业道德。

（3）遵守操作规范，细心。

（4）组织和策划的能力。

（5）良好的时间观念。

（6）应变能力。

（7）良好的记录能力。

（8）健康和卫生知识。

四、 感官分析评价员的能力划分

感官分析实践中常有不同级别的评价员参与，他们的检验和能力各不相同，分别如下。

1. 候选评价员

通过感官功能测试和综合考虑初筛出来，但尚未经过感官分析基础培训与考核的评价员。

2. 初级评价员

通过差别检验能力考核，尚未进一步培训，能开展差别检验，具有一般感官评价能力的评价员。

3. 优选评价员

优选评价员是具有较高感官评价能力的评价员，具备较好的差别检验能力、量值能力和描述能力，通过差别检验、分类检验、排序检验、评分检验的评价员考核。此外还应具备一定嗅觉和味觉的生理学知识，具有连续1~2年的感官分析经历，熟悉判断有无差别与差别大小的系列方法，有能力对产品特性进行分解并评价。

4. 专家评价员

专家评价员具有高度的感官敏感性和丰富的感官分析方法经验，能对所涉及领域内的各种产品作出一致、可重复的感官评价。专家评价员除需具备优选评价员所必备的能力外，还需具备良好的感官记忆能力，一般还应具有连续5年以上的感官分析经历。对相关产品及行业有深层理解，掌握不同产品以及同一产品不同等级的关键感官特征，长期的感官记忆和积累的经验可以识别细微的特性，能评价或预测原材料、配方、加工、贮藏等方面相关变化对产品感官质量的影响，并能将感官分析实验的结论运用于产品改进、质量控制以及新产品研发。

🔍 思考题

1. 感官评价员分为哪几类？
2. 筛选评价员时主要针对哪些内容进行测试？
3. 哪些检验可以用于感官评价员的考核？

感官科学的应用

教学目标

1. 了解感官科学在食品领域各个方向上的应用，产品的开发、生产、销售、仓储等各个阶段所涉及的感官需求，能够选择合适的感官检验方法应对不同的需求。

2. 熟悉消费者调研的一般流程和问卷设置。

感官科学作为一门应用技术学科，已经被广大食品企业所接受和认可，并逐步得到应用和发展，它主要应用于以下几个领域：产品的质量控制、新产品的研发、市场和消费者研究。而在这几个领域中的应用并不是孤立的，它们具有一定的关联性，我们将对这些领域分别进行详细说明。

首先需要指出感官科学不仅仅是感官评价，它还包括了产品开发的前端，以及产品生产的后端，是一个多维度的科学体系。在当前大数据分析的基础上还可以建立感官数据与仪器分析的关联，以及感官数据与消费习惯的关联等（图 5-1）。

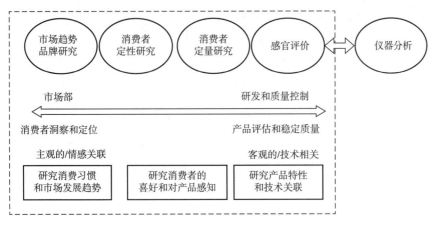

图 5-1　食品感官评价的应用和关联

感官研究的一端是产品，另一端则是人。从产品端出发，与感官相关联的是技术，是客观的，涉及产品的原料、配方、工艺、包装、贮藏条件、货架期等，表现为产品的特征，包括外观、香气、风味、口感、质地等。从人的一端出发，与感官相关的是情感，是主观的，涉及人的性别、年龄、家庭、教育、风俗、信仰、收入及健康状况等，表现为消费习惯、喜好、偏好、价格敏感度及对产品的感知等。

一、 市场趋势和品牌研究

采用在线问卷的形式，简单、快速、低成本地获得大量数据，进而分析数据得到结果，主要用于市场分析、产品定位，以及寻找蓝海。

例如，某肉品厂希望了解消费者对冷冻鸡肉的看法，通过对在线问卷收集到的数据分析，可以了解到什么样的消费群体更经常购买冷冻鸡肉，他们购买此类产品时主要考虑哪些因素，如品牌、包装、价格、食品安全、是否使用抗生素、新鲜度、口味等。针对消费者比较关注的因素可以对产品进行设计，如针对食品安全可以专门推出零抗生素鸡肉，针对单身家庭推出小包装产品等。针对高端消费群体可以设计符合其消费需求的产品包装和产品宣称。

二、 消费者定性研究

消费者定性研究一般采用1对1访谈或者焦点访谈小组（focus group discussion，FGD）的形式进行，其主要研究目的在于洞察消费者，了解消费需求。

比如消费者在不同时间段饮用酸乳有着不同的目的，通过饮用酸乳以期望达到不同的效果，因此在做产品定位时可以根据消费者需求突出产品的某个或几个特征（图5-2）。继续深入了解，可以知道消费者对于不同定位的酸乳还有口感和风味上的需求。同时可以将消费者语言跟感官特征相关联，找到消费者的关注点，改进产品以迎合消费者。

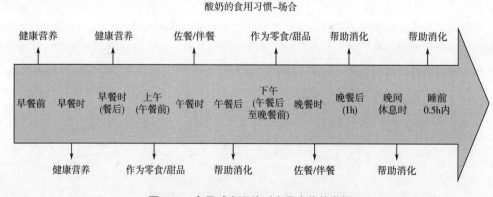

图5-2　食品感官评价对产品定位的发掘

三、 消费者定量研究

消费者定量研究需要涉及具体的数据，而不是简单的概念性描述。采用现场品尝并回答问卷/打分的形式居多，针对包装或外观等的研究也可以做在线问卷。其目的在于了解消费者喜好度，降低产品投放市场的风险。

当一个产品即将上市，可以根据产品定位做消费者喜好度研究，以了解该产品是否能够契合产品定位，其目标消费人群对产品的看法和接受程度、喜好程度。如有必要可以对产品做进一步调整，避免产品盲目投放市场所带来的风险。

四、感官评价

感官评价可以按照需求采用各种评价方法对产品进行客观描述和分析。感官评价输出的结果可以是：

①产品的具体感官形态：定性地描述产品的特征，并对其进行定量；

②产品的分类：根据产品的感官特性对产品进行分类；

③主成分分析图：给出该类产品在市场上的整体情况的概论、产品的分布情况、产品的特征以及相应的描述词；

④解析消费者数据：将感官结果与消费者数据相关联，对消费者主观判断的结果进行客观解析；

⑤与仪器检测和分析的结果相关联，找到影响风味及口感的影响因子。

图 5-3 是对感官科学在食品企业应用的一个简单总结：

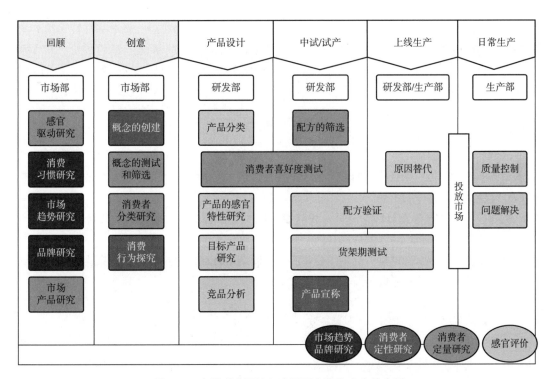

图 5-3　食品感官评价在食品研究和生产中的应用

下面，我们将从质量控制、产品开发和市场研究三个角度分别加以解说。

第一节　项目的目标和目的

一、质量控制

对于食品原料及成品来说，每一个产品都有一份特定的产品规格书，一般是标明其理化性质以及成分、含量、杂质等特性。有时产品的理化性质完全符合标准，产品也没有超过保质期，出厂后却遭到客户的投诉，以至于产品召回，导致巨大的损失。究其原因可能是由于生产工艺、原料、贮藏等条件的细微变化导致产品感官特性发生了可察觉的变化，以至于不符合客户的要求。因此，很多食品生产企业已经开始建立一套完整的感官质量控制体系，对入厂原料及出厂成品进行感官检验，符合标准后方可进行生产或者流通销售。

例如，有一家葡萄糖生产厂，其生产的葡萄糖完全符合国家标准，甚至较一般产品质量高了许多，但是销售到一家做婴儿配方乳粉的公司作为原料时却被对方投诉有异味，而拒绝接收。由于产品客户群不同，对于感官的评价要求也不同。比如，同样是符合国标的葡萄糖，客户用于生产婴儿配方乳粉就对感官特性有很高的要求，客户用于微生物发酵，就对感官特性基本没有要求。因此该葡萄糖生产厂急需建立一套感官质量检测体系，对产品进行感官评价。其目的在于对于符合理化性质的产品进行感官分类，以销售给不同的客户群体，达到效率最优，减少不必要的成本支出。

二、产品开发

一般的食品原料生产厂和成品生产厂都设有技术部门进行新产品的开发。新产品开发一般有两个方向，一个是对原有产品的改进，如原料的替换、成本的降低等；另一个是开发全新的产品，符合消费者喜好的产品。

例如，有一家香精公司研发出了一种新型乳味香精，低成本，耐高温，适合用于烘焙产品，公司希望打开销售市场，取代原有的产品以及竞争对手的产品，因此需要知道在使用新香精原料之后产品的感官特性是否会发生变化，并以此结果设计进一步的营销方案，决定是否以取代旧产品的方式销售还是以全新产品的方式销售。

三、市场研究

市场研究主要是为新产品开发提供依据的，不定期进行市场研究可以了解目前市场上最受欢迎的产品其主要的优势在哪里、消费者购买的意图是什么、同时也可以了解消费者的偏好：他们希望获得怎样的产品，他们心目中好的产品应该具备哪些特点和优势？这样在进行产品开发和改进时就有了依据，避免类似消费者想要一个脆苹果，公司却提供了一串软香蕉的情况发生。

例如，有一家添加剂公司开发出了一种新型甜味剂，技术人员想以此为原料开发健康、低热量的柠檬味饮料，但需要首先了解消费者的偏好，是更酸、更甜、更具有柠檬风味，还是更关注热量等功能性。因此，这个项目需要通过感官的方式对现有产品进行特性分类。

第二节　感官评价相关人员

感官评价的相关人员在其他章节有介绍，对于感官项目的组织者来说，对其主要要求基本一致，可以参见相关章节的介绍。

除了基本的感官专业知识之外，根据不同的感官项目，其执行者还需要具备不同的知识和技能。

一、质量控制

一般生产厂的感官检测都归属于质量管理部门，其主要执行者具有专业的质量管理知识，但具有相对薄弱的感官专业知识，需要对其进行专门的培训，或者直接招聘从事感官方向的人员担当该职务，以避免产生不必要的错误，如狭隘地理解"异味"的概念。从事感官质量检测的执行人员需要对产品非常熟悉，对产品的特征风味非常了解。例如，对于葡萄糖来说，哪些风味是其本身所具有的，哪些风味是属于不该出现的，类似纸箱味、塑料味、灼烧味、硫黄味、腥臭味、水果味等都属于异味。

二、产品开发

对于产品开发项目来说，一般的开发人员并不直接参与感官评价项目，这些项目会由负责感官评价的专门小组进行开展，因此对于这部分负责感官评价的人员来说，需要具备较好的沟通能力和分析能力，能及时地将产品信息传达给相关的研发人员。

三、市场研究

参与市场研究的感官人员需要具备市场分析的相关能力，他们需要对不同的产品市场有深刻的认知，针对不同的产品选择不同的受测人群；他们有较强的分析能力，可以将凌乱的数据整理出一份详尽的报告，让人能够直观地理解。

第三节　感官评价的设施

感官评价的基本设施在第三章"感官分析实验室"有详细的介绍。如果开展感官评价项目的环境条件比较特殊，没有办法满足专业的感官分析实验室要求，但至少需要满足一些最基本的条件，如不受干扰、独立空间等。

一、质量控制

对于质量控制的感官项目来说，一般是在产品线附近进行，由于工厂条件有限，一般不能做到标准实验室的条件，因此可以选择在会议室进行，或者设立少量的评价间，但关键在于环境应该保持安静、整洁，没有噪声或者不良气味等的干扰。如果有条件，则可以在车间附近建立独立的实验室，以保持良好的评价环境。

二、产品开发

产品开发项目如果委托专业感官评价项目小组负责，则不需要考虑设施的问题，因为他们一般都有较为标准的感官分析实验室。如果是由产品开发人员自己做相关项目，则需要具备相关的条件。可以在会议室，也可以在相关实验室，但是需要远离其他产品，以避免相互影响。

三、市场研究

市场研究的感官项目可以有两种情况：一种是建立专业的评价室，请相关消费者进入评价室进行测试；另一种则是直接到相关消费者聚集地进行测试。前者需要具备完善的评价室条件，后者则需要执行者提供相关工具，如写字板、问卷、笔、漱口杯、纸巾等。

第四节 评价小组的确定、筛选及培训

感官测试应根据测试类型，选择相应的评价小组。有时公司会选择内部员工作为评价员，有时公司会选择雇用当地居民作为评价员，但无论哪种方式，他们都必须满足评价小组的要求。用于感官分析的评价员与消费者偏爱检验的评价员是两类不同的评价员，前者需要专门的选择与培训，后者只要求评价员的代表性。

一、质量控制

由于质量控制的感官检测是随产品生产过程实时开展的，一般是由工厂内的员工兼任评价员，并且人数极为有限，因此相对来说，对于评价员的要求较高。同样的，由于生产线上的产品种类相对单一，所以可以针对单一产品对评价员进行大量的测试，以增加他们的评价能力。现以葡萄糖产品为例，其生产车间的员工对自己的产品较为熟悉，因此只需要筛选出灵敏度较高的成员即可。可以通过一系列的阈值测试来筛选评价员，然后不断对他们进行培训和练习，让他们熟悉所需要评价的产品，经过一段时间的训练，就可以参与感官质量控制了。

在前例葡萄糖项目中，根据目标要求，需要对所有车间的员工进行异味筛选，最后选出 10 名员工作为评价小组，然后对他们进行异味敏感度培训。

二、产品开发

产品开发可以同时使用内部员工和外部员工进行评价，由于产品开发的感官评价项目一般会在评价前对评价员进行一定的培训，所以对于评价员的要求并不是很高，只需要通过基本的选拔测试即可。这部分评价员称之为无经验型，他们在经过一定培训后，可以参与特定的评价项目。以牛乳香精为例，采用外部评价员进行评价，不同的测试方法有不同的人数要求，这些人在通过了基本的选拔测试之后会接受一系列关于香精和焙烤产品的培训，对焙烤产品建立直观的感受，由小组共同确立评价指标和专业描述词汇。同时，也要熟悉所选用的测试方法。

在前例牛乳香精项目中，根据要求规定，需要使用一个 42 人的外部评价员小组，因此需要对外招募足量的评价员，通过培训和筛选组成评价小组。

三、　市 场 研 究

市场研究的感官评价项目，如果选用消费者为评价员，对于评价员的选拔既没有敏感度的要求，也没有其他特殊的要求，只需要符合与产品定位相一致的条件，如年龄段、性别、生活习惯、购买频率等。如果选用有经验的评价小组，那么要求等同于产品开发的项目要求。

在前例柠檬味饮料的市场研究项目中，需要对市售产品进行剖面分析，因此需要选用 18 名优选评价员进行评价，在此之前对他们进行相关描述的培训。

第五节　实验设计的确定

感官检测的方法有很多，每一种方法都可以适用于多个不同的测试项目，同样，一个测试项目也可以选用不同的方法进行检测，但一般根据测试目的及条件选择最适合的方法进行。

一、　质 量 控 制

在质量控制的感官项目中，一般会留有标准参照样，标准参照样并不一定是最好的产品，而是评价员在比较之后选出的最具有代表性的产品，之后的评价则以此标准样为参照。标准样会经常进行更换，因此需要项目执行人员具有选择标准样的能力。

因为使用标准参照样，所以测试方法一般会选择二–三点检验，同时采用固定参照模式。如葡萄糖项目中就采用二–三点检验，对产品是否都存在异味进行评价。如果评价员经验比较丰富，也可以采用评分检验、DOD 或 R 指数检验进行评价。

二、　产 品 开 发

在牛乳香精项目中，其产品存在两个计划应用方向，如果与原来产品没有差别，则可以进行产品的替代，如果有差别，则作为一种新的产品进行推广，因此测试的目的就变得相对简单，只需要知道新产品与原产品是否有差别。最简单易行的方法就是三点检验。同时评价员数量也满足三点检验的要求，故该项目选择三点检验作为检验方法。

三、　市 场 研 究

柠檬味饮料的市场研究项目较为复杂，因为涉及多个产品的多个指标，都要进行详尽的评价，需要给研发人员提供较为有力的数据作为参考，所以该项目选择描述分析当中的定量法。该方法对人数要求不高，但是对评价员的经验要求却很高，需要针对特定的指标进行非常完备的培训。

第六节 现场实施

一、质量控制

在葡萄糖项目中，在正式测试之前，需要对 10 名评价员进行培训。针对葡萄糖常见的异味选取培训用的参照样品，如用水果味香精水溶液来训练评价员对于水果味异味的敏感度，用烘焙过的蔗糖来训练评价员对焦糖味异味的敏感度，用浸泡的纸板来训练评价员对纸板味异味的敏感度等。

在评价员对特定的几种异味都有了一定的敏感度之后，就可以进行在线检测了。每个批次的产品都要拿来做检测，采用二-三点检验，具体方法可以参见实验部分。

二、产品开发

在牛乳香精项目中，42 名评价员只需要通过基本的敏感度测试即可，之后对其进行焙烤产品的相关培训，熟悉产品的主要评价指标即可，三点检验的具体方法可以参见实验部分。

三、市场研究

在甜味剂项目中，针对柠檬味饮料的几个指标对评价员进行培训，甜味、酸味、苦味、浓厚感、后甜味、后苦味、后酸味、其他后味等，具体方法可以参见实验部分。

第七节 数据分析

不同的感官测试方法有不同的数据分析方式，在前面的章节中都已经介绍过感官方法的数据分析，可以参见实验部分的举例说明。

第八节 结果解说

针对项目目的和要求对实验结果进行说明，如质量控制里面只有符合要求和不符合要求两种结果，三点检验则是有特异性差异和没有特异性差异两种结果，描述性分析则可以将产品分类，以作图的方式提供直观的结果。

以下为测试报告实例。

一、 质量控制实例

框图 5-1　差异性感官测试报告

申请者：	样品制备：
测试者：	测试日期：
测试编号：	报告日期：

■ 项目

不同批次糖浆差异比较。

■ 背景

之前通过的糖浆差异性测试表明，SY-5599 与实验室配制标准样品无差异。此次为客户提供不同批次原料的糖浆进行比对，以确保生产稳定性。

■ 目的

通过科学的感官测试来评价 3 个不同批次产品与参照样品之间在感官体验包括风味和甜味等方面是否存在显著性差异。

■ 产品信息

➢ 产品 A：SY-5599

➢ 产品 B：JK-17

➢ 产品 C：XD-18

➢ 产品 D：JJ-17

■ 测试设计

➢ 感官测试方法：R 指数检验

➢ 产品准备及储存

• 分别将糖浆配制成 10% 的纯水溶液，配置后直接分装品尝，过超高温瞬时灭菌（UHT）后品尝。

• 产品被分装在透明无味的食品级试饮杯中，常温下进行品尝。

➢ 品尝方法及步骤

(1) 评价员按照分配的顺序品尝参照样和测试样，比较测试样与参照样是否相同，从 4 个选项中做出选择；

(2) 品尝完毕后漱口，吃饼干，再次漱口，并等待下一组样品。

➢ 测试条件：常温、普通光源

➢ 置信水平：95%

■ 评价员

37 名专家级评价员（专家级评价员的感官灵敏程度高于 80% 的人群）

■ 结果

➢ UHT 前（表 5-1）

续框图

表 5-1 R 指数测试结果统计表（UHT 前）

| 产品 | 差别区 | | 相同区 | | 合计 | R | 差异性测试 | 显著 |
	肯定有差别	有差别但不确定	相同但不确定	肯定相同			p	
参照样（SY-5599）	5	12	16	4	37	—	—	—
样品 1（JK-17）	6	23	8	0	37	65.8	0.005856683	**
样品 2（XD-18）	8	14	13	2	37	58.4	0.094228278	ns
样品 3（JJ-17）	5	24	6	2	37	63.7	0.014373463	*

注：结果为 95% 置信度，ns 为无显差，* 为 $p<0.05$，** 为 $p<0.01$。

➢ UHT 后（表 5-2）

表 5-2 R 指数测试结果统计表（UHT 后）

| 产品 | 差别区 | | 相同区 | | 合计 | R | 差异性测试 | 显著 |
	肯定有差别	有差别但不确定	相同但不确定	肯定相同			p	
参照样（SY-5599）	3	15	14	5	37			
样品 1（JK-17）	3	17	12	5	37	52.1	0.36994057	ns
样品 2（XD-18）	7	14	14	2	37	57.9	0.107042789	ns
样品 3（JJ-17）	6	12	16	3	37	53.4	0.296365744	ns

注：结果为 95% 置信度，ns 为无显差。

■ 结论

UHT 前仅有 XD-18 与参照样品之间不存在显著性差异，另外两个样品与参照样品之间都有显著性差异。在经过 UHT 之后由于高温产生了一些新的风味，掩盖了原本糖浆的一些独特风味，使得产品之间的差异减小，3 个样品与实验室样品之间都没有显著性差异。

■ 建议

结合 UHT 前后测试结果，我们建议 3 个产品都可以使用，同时 XD-18 是最接近参照的，它在经过 UHT 前后与参照样品在整体感官体验上均无显著性差异。

二、　产品开发实例

框图 5-2　商超市场豆奶产品研究报告

■ 背景

植物基饮料是近年来饮料行业的流行趋势，具有天然、绿色、健康、营养等特点。优质的加工工艺和包装，独特的风味和配方，以及越来越挑剔的消费者，都使得植物基饮料更具有吸引力和挑战性。

豆奶作为主流的植物基饮料，既是传统也是创新。消费者因为天然，健康等因素选择豆奶产品，同时也在口味，品牌和包装上挑剔产品。

为了帮助客户能够更好的迎合消费者喜好，提高产品的竞争力，首先需要了解市场主流产品的特点以及消费者的偏好，以此来对产品做改进和提高。

公司作为全球领先的口感提供商，旨在为客户提供更加优良的口感，更能迎合消费者偏好的产品体系，帮助客户提高市场消费者口碑和市场竞争力。

■ 目的

比较市场上主流的豆奶产品，对其进行分类，特征描述，纵观整个市场大方向，了解客户产品位置，帮助客户进行产品定位。

结合消费者喜好度评价，了解消费者偏好类群，并结合客户产品的主要特征和产品定位，有针对性地提出产品口感和风味等的改良方案。

■ 产品信息

表 5-3　　　　　　　　　　　　　　产品信息表

序号	样品名称	配料表
1	维 ** 原味豆奶	水、大豆、白砂糖、乳粉、食用盐、维生素 B_2、维生素 B_6、烟酰胺
2	杨 ** 原味豆奶	水、大豆、白砂糖、食品添加剂（单、双甘油脂肪酸酯，卡拉胶）、食用香精
3	豆 ** 豆奶	水、大豆（非转基因）、白砂糖
4	力 ** 原味豆奶	豆浆（水、大豆）、白砂糖、全脂乳粉、植物油、食用盐、卡拉胶
5	植 *** 纯香豆奶原味	水、大豆（非转基因）、白砂糖、食用盐
6	豆 *** 原味调制豆奶	水、大豆、白砂糖
7	哇 ** 豆奶饮料	水、大豆、白砂糖、棕榈油、全脂乳粉、乳化剂、增稠剂
8	小 ** 豆奶植物蛋白饮料	水、大豆（非转基因）、白砂糖、全脂乳粉、植物油、食品添加剂（单、双硬脂酸甘油酯，卡拉胶，微晶纤维素，碳酸氢钠，维生素 E）、食用盐、食用香精
9	杨 ** 黑豆豆奶	水、大豆（黄豆）、白砂糖、黑豆、大豆油、食用添加剂（单、双甘油脂肪酸酯，卡拉胶，碳酸氢钠，六偏磷酸钠）、食用香精、食用盐
10	维 ** 黑豆奶	水、白砂糖、黑豆、大豆（黄豆）、乳粉、大豆蛋白、黑芝麻粉、食用盐、维生素 B_2、维生素 B_6、烟酰胺、食品添加剂、增稠剂

续框图

■ 流程

第一步：产品描述

- 通过定量描述分析得到产品特征及分组。
- 根据定量描述分析得到的结果选择具有代表性的产品进行消费者喜好度测试。

第二步：喜好度测试

- 评分检验确定消费者喜欢的产品及特征。
- 排序检验进一步了解不同产品的受欢迎程度。

第三步：总结

■ 方法

- 定量描述分析

（1）特征讨论　讨论样品所具有的各项特征，并给出各个特征的详细描述，反复确认并达成一致。

（2）特征评分　根据不同样品所具有的不同特征，以及相同特征的不同强度，给所有样品的所有特征进行评分，反复确认并达成一致。

（3）评价员表现　监控/考核评价员的成绩，他们的稳定性，重复性和一致性，当他们符合要求后才可以进行数据收集，以确保结果的准确性。

（4）数据收集　收集数据时每个样品至少重复三次，评价员按照随机的顺序依次品尝样品并评分。

- 测试安排

测试日期：20＊＊年7月5~12日

测试地点：＊＊感官分析实验室

产品数量：10

样品量：30mL/个

重复次数：3

呈送顺序：随机

品尝时间：5min/个

样品温度：室温

清口方法：

①用清水漱口。

②咀嚼饼干，确保饼干接触到口腔和舌头的每一处。

③再次用清水漱口。

- 定量描述分析特征和定义

表5-4　　　　　　　　　　　　　产品特征及定量描述表

分类	评价方式	特征	定义
风味和口味	喝入10mL样品，对风味和口味进行评价	整体强度	产品整体的综合强度，不用区分具体描述词
		甜味	甜味
		咸味	咸味
		豆腥味	用于描述产品中带有生的黄豆的风味
		乳香味	用于描述产品中带有的牛乳香味

续框图

续表

分类	评价方式	特征	定义
风味和口味	喝入10mL样品，对风味和口味进行评价	腥味	用于描述产品中不愉悦的乳腥味、膻味，以及蛋腥味、鱼腥味等不良风味
		其他风味	用于描述产品中的异味，不属于豆奶所固有的特征，外来的风味包括坚果味、玉米味、甘蔗味、赤豆汤风味等
		鲜味	鲜味
口感	然后在口中用舌头将样品搅动2圈，感觉样品的均一感和稠度等	粉感	用于描述舌头在搅拌的过程中能感觉到的非常细小的颗粒物，或产品咽下后还残留在口腔里的细小颗粒物
		浓厚感	用于描述样品在口腔中流动的容易程度，分值越高表示越难流动，和"稀"相反
		光滑感	用于描述样品入口时，样品与嘴唇的摩擦力大小，摩擦力越小，样品越光滑
		涩感	用于描述舌头及口腔中收敛的感觉，常见于未成熟的香蕉、柿子，以及茶叶
		糊口感	用于描述产品在下咽时，不能完全咽下去，附着在口腔上的程度
		黏感	用于描述产品之间的粘连度。产品在口腔中搅动时，形成黏丝的感觉
		油脂感	用于描述感知产品中油脂或脂肪含量较高
后味	将样品咽下后感知样品的后味	后苦味	后苦味

- 消费者喜好度研究

（1）寻找目标人群　对豆奶的消费人群做筛选，包括消费的频率、消费的习惯等。

（2）品尝与评分　对产品的整体喜好度进行打分，描述喜欢及不喜欢的方面。

（3）数据分析　收集数据时样品不需要重复，但需要保证有效数据的数量。可根据需要对产品和消费者进行分类分析。

■ 测试结果

- 定量描述分析结果（PCA图、雷达图）

根据产品的风味口感特征，可以将10个产品分为4个类群，分别命名为豆浆组、豆奶组、黑豆组和浓稠组（图5-4）。

续框图

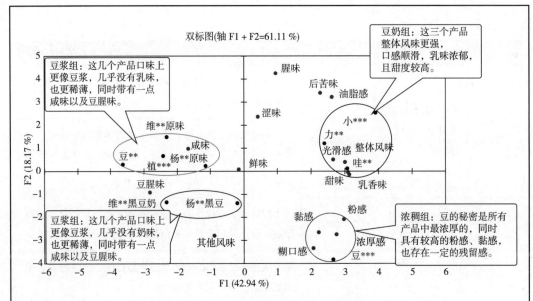

图 5-4　定量描述分析结果 PCA 图

1. 分组比较——豆浆组

豆浆组：本组产品口感较为稀薄，具有强烈的豆（腥）味，基本没有乳味，口感较清爽。

注：维 ** 配方中有添加乳粉，但乳味不重。

①豆 **：口感稀薄、寡淡，且风味消失较快，典型的豆浆味，没有乳味，细腻，有涩感，有豆腥味，并且略带焦味（煮过头的风味）。

②维 ** 原味：乳味低，有乳腥味，豆腥味重，稀薄，有咸味，更像豆浆，有涩感。

③杨 ** 原味：像豆浆，甜度高，口感稀薄，基本没有乳味，有豆腥味，有涩感，略有粉感。

④植 ***：咸味重，甜度低，有粉感（颗粒感），有类似赤豆汤、甘蔗水风味。

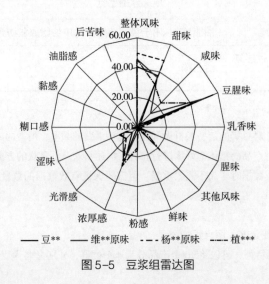

图 5-5　豆浆组雷达图

续框图

2. 分组比较——豆奶组

豆奶组：本组产品乳味丰富，口感顺滑，较为浓厚，后味有涩味和粉感。该组产品配方中均有添加全脂乳粉，因此乳味较重。

①力**：甜中带咸，有鲜味，乳腥味和豆腥味混在一起，浓厚，顺滑，带有一点涩味。

②小***：乳味重，比较顺滑，略有油脂感，有类似鱼肝油的腥味（生油），咽下后回味略苦，有涩味和粉感。

③哇**：甜度较高，乳味重，浓厚，甜味感觉不天然，有乳腥味和豆腥味，后味有涩，有残留感和粉感。

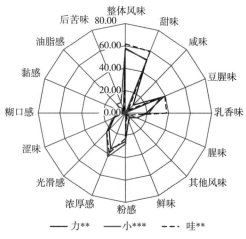

图 5-6 豆奶组雷达图

3. 分组比较——浓稠组

浓稠组：本组仅有一个产品，其配方仅有水、大豆、蔗糖。但其口感非常浓厚，有类似胶体的感觉，顺滑度也较豆奶组低，有较重的粉感，同时带有不同于典型豆味的风味特征。

豆的秘密：非常浓厚，有香精味，类似很弱的香蕉牛乳的风味，有较重的粉感和附着感，黏稠且残留时间长。

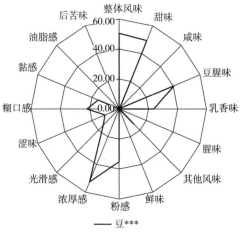

图 5-7 浓稠组雷达图

续框图

---

4. 分组比较——黑豆组

黑豆组：由于添加了黑豆及其他成分，风味上与纯豆奶产品有较大区别。数据来源于评价员的一致性讨论，而不是 QDA 的结果，这两款产品并没有参与 QDA 评价。

①维 ** 黑豆奶：有黑豆和芝麻风味，豆腥味较重，有咸味，略有粉感。

②杨 ** 黑豆：口感浓稠，有强烈玉米味和坚果味，有豆腥味，略有粉感。

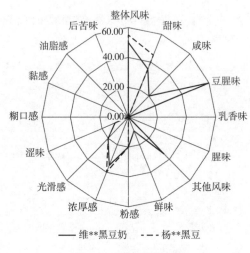

图 5-8　黑豆组雷达图

● 消费者喜好度测试结果

1. 消费者概况

①性别比例：本次测试参与者共 47 人，其中男性占 11%，女性占 89%。

②年龄组成：年龄组成方面以中青年人居多，31~40 岁占 40.4%，41~50 岁占 42.6%。

③测试地点：本次测试地点为上海。

④购买频率：喜好度测试由经过筛选的特定消费者完成，所选人群至少每个月会购买豆奶 2~3 次，其中购买频率超过每周 2~3 次的占比约 60%。

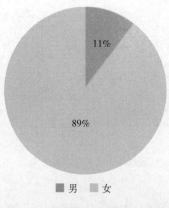

图 5-9　测试参与者的性别比例

续框图

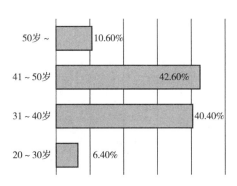

图 5-10　测试参与者的年龄组成

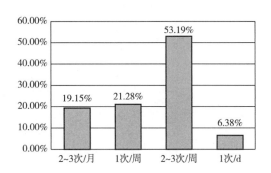

图 5-11　测试参与者的购买频率

2. 消费者喜好度测试产品选择

根据 PCA 的结果，从各个产品分组中挑选具有代表性的产品进行消费者测试。

豆奶组：

① 哇 ** ：进口，添加乳粉、植物油。

② 小 *** ：国产，添加乳粉、植物油，有油脂感。

浓稠组：

豆 *** ：无添加，口感浓稠。

豆浆组：

① 豆 ** ：无添加，口感清爽。

② 植 *** ：低糖，食用盐，有咸味。

选择以上 5 款具有不同特点的产品进行喜好度评价具有一定的代表性。

• 豆奶的消费习惯及认知

目前豆奶仍然主要作为早餐饮料而消费，占比达到 60%，同时也有近 20% 的购买是作为日常饮品（图 5-12）。

续框图

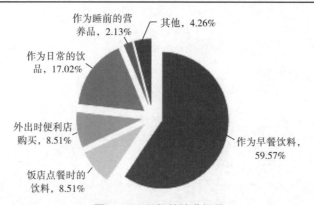

图 5-12　豆奶的消费场景

喝豆奶的主要原因分别是营养和口味（图 5-13）。

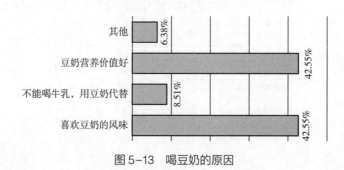

图 5-13　喝豆奶的原因

尽管在国内没有对豆奶和豆浆进行严格意义上的规定，但在消费者认知中，豆奶产品是添加牛乳成分的，或者至少应具有乳的风味，并且相对豆浆口感更加浓厚饱满。但乳味不应强于豆味。

- 豆奶整体喜好度测试结果

选择具有不同特征的市场产品做消费者喜好度测试，从整体、风味、口感三个角度进行评价。

从喜好度结果可以看出，小 *** 和豆 *** 两款产品更受消费者喜爱。豆 ** 和哇 ** 喜爱程度居中，植 *** 则具有最低的喜爱程度。如表 5-5 和图 5-14 所示。

表 5-5　　　　　　　　　　　产品方差分析结果统计表

产品	整体	风味	口感
小 ***	7.000^a	6.872^a	7.191^a
豆 ***	6.766^a	6.766^a	6.660^{ab}
豆 **	6.064^b	6.043^b	5.660^{cd}
哇 **	6.000^b	6.021^b	6.213^{bc}
植 ***	4.766^c	4.830^c	5.128^d
$P_r > F$	<0.0001	<0.0001	<0.0001
显著性	是	是	是

注：同一列具有相同字母的产品，在此列所描述的特征上可分为一组，没有显著性差异。

续框图

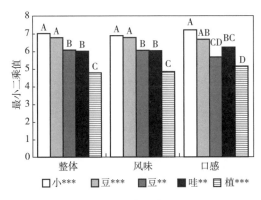

图 5-14 产品分组图

1. 豆奶喜好度测试——消费者评价

表 5-6 消费者评价表

产品	喜欢	不喜欢
小 ***	浓稠,顺滑,乳香味浓郁,与豆奶的配比正好	甜味偏高,乳味盖过豆味,有豆腥味,后味略有苦味、涩味和粉感
哇 **	浓厚,顺滑,甜度正好,乳味十足,乳味和豆味配比合适,甜而不腻	有油蛤味和粉感,有豆腥味
豆 ***	浓稠,顺滑,乳味丰富,口感细腻,豆香味自然,风味持久	太甜,有黏感,有豆腥味和异味,有粉感、残留感、涩味
豆 **	口感清爽,不黏腻,甜度刚好,豆味浓郁,感觉天然	太稀薄,水感强烈,是豆浆,豆腥味重,没有乳味
植 ***	不甜不腻,厚薄正好甜度适中,有其他谷物的风味,比较清爽	寡淡,有怪味,有分层,豆味偏淡,有豆腥味、咸味,稀薄,有涩味

喜欢的关键字　　　　　　　不喜欢的关键字

图 5-15 喜好度测试关键字

续框图

---

2. 豆奶喜好度测试——排序

（1）喜好度排序结果

表 5-7 　　　　　　　　　　喜好度排序结果

小 ***	豆 ***	哇 **	豆 **	植 ***
1	2	3	4	5

（2）LSD 分组结果

表 5-8 　　　　　　　　　　LSD 分组结果

小 ***	A	豆 **	CD
豆 ***	AB	植 ***	E
哇 **	BC		

排序结果和评分结果表现一致，最喜欢的产品均为小 ***，最不喜欢的产品为植 ***，处于中间的豆 ***、哇 **、豆 ** 顺位两两之间没有显著性差异。

3. 豆奶喜好度测试——特征关联

图 5-16 中直线端点为整体喜好度所在区间，可以看出与整体喜好度直接相关的特征是浓厚感，其次是乳香味，其他特征与整体喜好并没有显著相关，但咸味、鲜味及豆腥味都与整体喜好呈负相关。

从喜好度排序结果小 *** 最受欢迎来看，与其相关的乳香味、甜味、光滑感等也是消费者考量的因素。

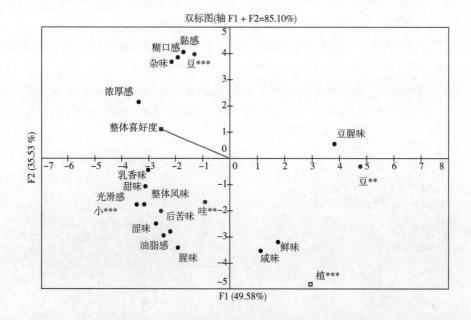

图 5-16　整体喜好度与特征关联图（PCA 图）

注：图中植 *** 实际所在位置远离 PCA 图的主体部分，用空心点表示其所在方位，实际位置不能在图中显示。

续框图

4. 豆奶消费者测试——消费人群分析

根据消费者个人习惯和偏好，可以将所有参与测试的消费者分成三个类群（图 5-17）：

左侧的第一族群共同点为不喜欢带有咸味的产品，对于其他特征并没有显著差异。

中间的第二族群更喜欢乳味重的产品。

右侧的第三族群则更偏好具有浓厚饱满口感的产品。

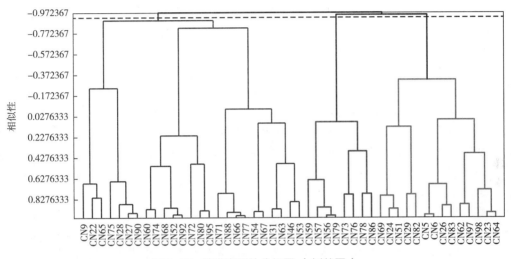

图 5-17　消费者群体分组图（树状图）

■ **总结及建议**

1. 豆奶产品的感官特征及分类

目前市场上豆奶产品可以分为四大类：①以豆奶组为代表，具有较高乳味和浓厚感；②以豆浆组为代表，清爽型，较为稀薄，更接近豆浆的风味和口感；③以浓稠组为代表，具有非常稠厚的口感和浓郁豆味的产品；④以黑豆组为代表，添加其他豆类、谷物、坚果等的混合型产品。

（1）豆奶型产品　乳味较高的产品均有添加全脂乳粉，口感也更接近乳品，具有更加浓厚饱满的口感，入口顺滑也带有一定的油脂，奶油感。这种类型主要集中在进口产品中。

（2）豆浆型产品　口感清爽，大都为国内的产品，且主要为无添加产品，口感更接近于豆浆，稀薄且豆腥味更重。此类产品又可以细分为加盐和不加盐两类，并且甜味和咸味的比例也相差较大。

（3）浓稠型产品　也是无添加，由于工艺的差异使得产品本身与第二类有很大的差别，其口感更接近于第一类产品，浓厚饱满，但风味较为特别，同时也带有涩味和粉感等。

（4）混合型产品，由于添加其他谷物或豆类成分，使得整体风味差异较大。

2. 豆奶产品的消费者喜好分析

消费者本身具有独立的偏好类型，每个人的口味也会因为生活习惯等因素而有不同。从消费者喜好度结果来看，有喜欢乳香味丰富的人群，也有喜欢豆味浓郁的人群；有喜欢浓厚口感的人群，也有喜欢清爽口感的人群，但人群比例有所区别。

测试所在的上海地区更受欢迎的产品是乳香重且口感顺滑饱满的产品，同时豆香味较重、豆腥味较弱的产品。对于带咸味的产品喜好度稍差。

续框图

> 从消费者认知的角度来说，豆奶是应该同时具有豆味和乳味的，且豆味要重于乳味，同时产品具有一定的浓厚感，豆浆则更加稀薄同时没有乳味。
>
> 3. 建议
>
> （1）根据产品的定位和目标人群决定是否需要添加牛乳，或者通过生产工艺和配方的改进使产品具有类似乳品的风味和口感。
>
> （2）有更多的消费者偏向于具有更加浓厚口感，有乳香，且更顺滑的产品。
>
> （3）如果做豆浆方向的产品则需要尽量提供具有一定厚度（不能太稀薄，会被认为是掺水的低廉产品）但清爽、不黏腻的口感，同时尽量降低豆腥味。还需要避免口味上咸味喧宾夺主。

三、 市场研究实例

> ## 框图 5-3 消费者测试报告
>
> 本测试使用 44 名普通消费者评价 2 组各 4 个样品，采用喜好度测试。
>
> 测试时间：2012 年 10 月 12 日下午 14：00。
>
> 测试地点：淮海中路环贸广场。
>
> ■ 问卷概况
>
> 本测试为消费者喜好度测试，目标人群为办公室年轻白领，其中以女性居多。表头部分设置消费者基本信息收集问题，旨在调研目标人群的消费习惯和消费意向，以及影响其选择的主要因素。
>
> 测试主体为两部分，第一部分是针对产品的特征测试点强度进行评分，采用五级评分制，用于收集产品特征风味数据进行分析。第二部分是针对产品的特征评分点进行喜好度评分，采用九级评分制，用于观测目标消费人群对不同产品的偏好程度。
>
> 产品特征测试点：香气、风味、余味/后味。
>
> ■ 样品概况
>
> 本测试分两组进行，每组 4 个样品，其中有一个竞争产品（对照产品）。两组产品的风味分别为乳香和黄油。
>
> 样品的主体配方和生产工艺均保持一致，仅对需要评测的油脂部分进行更换。
>
> 样品及对应编码关系如表 5-9 所示：
>
> 表 5-9　　　　　　　　　　　　　　样品及其编码
>
> | 牛乳样品 | 编码 | 黄油味样品 | 编码 |
> | --- | --- | --- | --- |
> | | | | |
> | | | | |
> | | | | |
> | | | | |
>
> ■ 数据收集
>
> 消费者基本信息情况问卷如表 5-10 所示：

续框图

表 5-10	消费者基本信息情况问卷

小蛋糕评价表

在线测试网址：https：//www.……

请务必留下您的邮箱地址，以便我们记录并发放礼品。

Email：_____

1. 您的性别：

　　○ 男　　　　　　○ 女

2. 您的年龄：

　　○ 20 岁以下　　　　　○ 31~40 岁　　　　　○ 61 岁以上

　　○ 20~25 岁　　　　　○ 41~50 岁

　　○ 26~30 岁　　　　　○ 51~60 岁

3. 您的籍贯：_____

　　请填写您居住时间最长的地点，或者您的口味最偏向于哪个地点。

4. 您购买烘焙食品（面包、蛋糕、饼干等）的频率：

　　○ 每天一次　　　　　○ 每月两次以上　　　　　○ 从不购买

　　○ 每周两次以上　　　○ 每月一次

　　○ 每周一次　　　　　○ 少于每月一次

5. 您购买烘焙食品（面包、蛋糕、饼干等）时主要的考虑因素是（可多选）：

　　○ 价格　　　　　　○ 品牌　　　　　　○ 好吃

　　○ 品种　　　　　　○ 外观　　　　　　○ 其他

　　○ 成分（健康）　　○ 新鲜度

本次测试一共发放问卷 54 份，回收有效问卷 44 份，数据收集如表 5-11 所示：

表 5-11	消费者基本信息情况问卷结果

编号	性别	年龄	籍贯	频率	购买因素						
1	女	26~30 岁	上海	每周两次以上	价格	品种	成分	品牌	外观	新鲜度	好吃
2	女	20~25 岁	上海	每天一次	价格	品种	成分（健康）	品牌		新鲜度	好吃
3	女	26~30 岁	上海	每周两次以上	价格		成分（健康）	品牌		新鲜度	好吃
4	女	26~30 岁	上海	每周两次以上			成分（健康）				好吃
5	女	26~30 岁	山东	每周两次以上	价格		成分（健康）			新鲜度	好吃

续框图

续表

编号	性别	年龄	籍贯	频率	购买因素						
6	女	20~25岁	上海	每周一次			成分（健康）			新鲜度	
7	女	26~30岁	湖北	每月两次以上					外观	新鲜度	好吃
8	男	31~40岁	广西	每周一次	价格		成分（健康）			新鲜度	好吃
9	女	26~30岁	上海	每周两次以上			成分（健康）		外观	新鲜度	好吃
10	女	20~25岁	上海	每周两次以上	价格		成分（健康）			新鲜度	
11	女	41~50岁	上海	每周一次	价格			品牌		新鲜度	好吃
12	女	31~40岁	上海	每月一次			成分（健康）			新鲜度	好吃
13	女	20~25岁	上海	每周两次以上			成分（健康）	品牌		新鲜度	
14	女	26~30岁	上海	每周两次以上			成分（健康）	品牌		新鲜度	好吃
15	女	31~40岁	上海	每天一次	价格	品种	成分（健康）	品牌		新鲜度	好吃
16	女	41~50岁	上海	少于每月一次	价格	品种	成分（健康）	品牌		新鲜度	好吃
17	女	20~25岁	北京	每周两次以上	价格	品种	成分（健康）			新鲜度	好吃
18	女	20~25岁	上海	每天一次	价格	品种	成分（健康）	品牌		新鲜度	好吃
19	女	20~25岁	上海	每周一次	价格			品牌	外观	新鲜度	好吃
20	女	31~40岁	上海	每周一次			成分（健康）	品牌		新鲜度	好吃
21	女	26~30岁	上海	每周一次					外观		
22	女	31~40岁	上海	每周两次以上			成分（健康）	品牌			好吃
23	男	26~30岁	上海	每周一次			成分（健康）			新鲜度	
24	女	31~40岁	上海	每周一次	价格	品种	成分（健康）	品牌		新鲜度	好吃
25	女	26~30岁	上海	每月两次以上	价格						好吃
26	女	26~30岁	四川	少于每月一次			成分（健康）			新鲜度	
27	女	26~30岁	上海	每周两次以上	价格		成分（健康）	品牌		新鲜度	好吃
28	男	26~30岁	江苏	每周两次以上	价格				外观	新鲜度	好吃
29	女	31~40岁	贵州	每月一次							好吃
30	女	26~30岁	新疆	每周一次							好吃
31	女	31~40岁	天津	每月两次以上	价格		成分（健康）	品牌			好吃
32	女	31~40岁	湖北	每周一次							好吃
33	女	31~40岁	上海	每月一次			成分（健康）	品牌		新鲜度	
34	男	31~40岁	上海	每天一次			成分（健康）	品牌		新鲜度	好吃

续框图

续表

编号	性别	年龄	籍贯	频率	购买因素						
35	女	51~60 岁	上海	每周一次						新鲜度	好吃
36	女	31~40 岁	上海	每周一次	价格		成分（健康）	品牌		新鲜度	好吃
37	女	31~40 岁	上海	每周一次							好吃
38	女	20~25 岁	上海	每周一次				品牌	外观		好吃
39	女	26~30 岁	河北	每周一次	价格	品种				外观	好吃
40	女	26~30 岁	上海	每月两次以上	价格		成分（健康）	品牌		新鲜度	好吃
41	女	31~40 岁	江苏	每周一次	价格	品种	成分（健康）	品牌		新鲜度	好吃
42	女	31~40 岁	广西	少于每月一次	价格	品种	成分（健康）	品牌	外观	新鲜度	好吃
43	女	26~30 岁	北京	每月两次以上	价格			品牌		新鲜度	好吃
44	女	20~25 岁	河南	每月两次以上	价格					新鲜度	好吃

消费者喜好度测试问卷（部分）如表 5-12 所示：

表 5-12　　　　　　消费者喜好度测试问卷（部分）

评分表

接下来我们要进入正式的品尝阶段，请保证您身边有一杯纯净水以便在品尝时可以漱口，清除样品余味。

请按包装袋上的样品顺序依次品尝不同编码的样品，而不是问卷的排列顺序；请根据以下操作顺序品尝样品并回答问题。

请打开 A 组（牛乳）铝箔包装，根据包装外所标示的样品顺序准备品尝。

您的第一个样品编码为＿＿＿＿＿＿＿＿＿＿

1. 拆开包装后闻一下样品的香气，此时该香气的强度符合你感觉的一项是（1 分为最弱，5 分为最强，请选择您觉得合适的分值）：

○ 5 分　　　　　　○ 3 分　　　　　　○ 1 分
○ 4 分　　　　　　○ 2 分

2. 对于这种香气，您的喜好程度是怎样的：

○ 9. 非常喜欢　　　○ 6. 喜欢　　　　　○ 3. 不喜欢
○ 8. 很喜欢　　　　○ 5. 没什么感觉　　○ 2. 很不喜欢
○ 7. 比较喜欢　　　○ 4. 有点不喜欢　　○ 1. 非常不喜欢

3. 请品尝一口样品，以下对样品整体风味强度的描述最符合你感觉的一项是（1 分为最弱，5 分为最强，请选择您觉得合适的分值）：

注意：在品尝样品时请忽略您个人对于甜味的喜好程度，着重于品尝样品的香味和风味。

续框图

续表

○ 5分   ○ 3分   ○ 1分
○ 4分   ○ 2分

4. 对于这种整体风味，您的喜好程度是怎样的：

○ 9. 非常喜欢   ○ 6. 喜欢   ○ 3. 不喜欢

○ 8. 很喜欢   ○ 5. 没什么感觉   ○ 2. 很不喜欢

○ 7. 比较喜欢   ○ 4. 有点不喜欢   ○ 1. 非常不喜欢

5. 咽下样品之后，以下对样品在口腔中的余味/回味的强度描述最符合你感觉的一项是（1分为最弱，5分为最强，请选择您觉得合适的分值）：

○ 5分   ○ 3分   ○ 1分
○ 4分   ○ 2分

6. 对于这种余味/回味，您的喜好程度是怎样的：

○ 9. 非常喜欢   ○ 6. 喜欢   ○ 3. 不喜欢

○ 8. 很喜欢   ○ 5. 没什么感觉   ○ 2. 很不喜欢

○ 7. 比较喜欢   ○ 4. 有点不喜欢   ○ 1. 非常不喜欢

数据收集结果如表5-13~表5-16所示：

表5-13　　　　　　　　　消费者喜好度测试评分结果（乳香）

编号	对照			牛乳5#			牛乳3#			牛乳4#		
	香味	风味	后味	香味	风味	后味	香味	风味	后味	香味	风味	后味
1	5	6	4	8	8	7	7	7	7	8	9	8
2	5	5	4	4	4	5	4	4	5	3	5	6
3	7	6	3	4	6	6	5	6	5	5	4	4
4	8	7	8	7	7	7	7	7	6	6	4	6
5	4	4	5	6	6	4	5	5	2	4	5	5
6	8	8	8	6	5	5	5	6	7	7	7	7
7	5	3	3	7	6	8	6	7	5	8	8	7
8	5	2	2	4	6	5	7	7	5	7	7	7
9	7	6	5	6	5	7	5	6	6	6	6	6
10	4	6	6	7	7	7	7	7	7	5	5	5
11	8	6	7	6	6	7	6	6	6	5	5	7
12	3	3	3	7	7	4	6	6	5	6	6	6
13	6	6	6	6	6	6	8	8	8	5	7	7
14	8	4	4	5	4	5	8	8	8	6	6	5

续框图

续表

编号	对照			牛乳5#			牛乳3#			牛乳4#		
	香味	风味	后味	香味	风味	后味	香味	风味	后味	香味	风味	后味
15	6	4	4	8	7	8	7	8	7	5	4	4
16	7	8	8	5	7	6	5	7	7	5	5	5
17	6	3	4	6	7	7	5	5	6	7	7	7
18	6	6	6	6	7	8	7	7	7	5	7	6
19	7	7	7	5	5	5	7	5	5	6	6	6
20	7	7	7	4	7	6	5	6	5	6	8	8
21	5	6	6	5	6	6	6	6	6	7	6	6
22	5	7	6	4	1	1	5	5	6	7	7	6
23	9	8	4	5	5	5	6	8	8	6	7	5
24	6	6	6	8	9	8	4	7	6	7	7	7
25	7	8	8	3	3	3	3	3	3	7	7	7
26	6	4	6	5	4	6	5	7	7	6	6	5
27	6	8	7	9	9	8	6	6	6	5	5	3
28	5	6	6	4	6	4	7	7	6	5	7	7
29	4	4	4	5	5	6	7	7	7	5	5	5
30	6	6	5	6	5	4	5	5	5	4	5	3
31	5	5	5	6	6	6	6	8	8	5	7	8
32	5	5	7	7	2	4	5	5	5	4	7	6
33	5	6	6	4	6	7	7	7	7	7	7	7
34	6	3	5	5	5	4	5	5	5	7	7	7
35	5	3	3	4	6	7	3	3	3	5	6	6
36	4	5	6	6	7	7	7	6	7	6	6	7
37	6	5	4	7	7	7	3	1	1	7	5	2
38	6	6	7	7	6	5	5	7	6	5	6	4
39	4	1	9	5	8	5	7	7	7	8	6	5
40	5	7	8	8	5	5	5	4	4	5	5	5
41	4	4	3	5	5	5	6	6	6	6	6	6
42	8	8	8	6	5	5	5	6	5	6	6	6
43	7	7	7	5	5	5	3	5	5	6	5	7
44	7	8	5	6	3	5	6	6	7	5	5	4

注：3#、4#、5#表示产品配方编号。

续框图

表5–14　　　　　　消费者喜好度测试评分结果（黄油）

编号	对照			黄油5#			黄油8#			黄油5#+		
	香味	风味	后味	香味	风味	后味	香味	风味	后味	香味	风味	后味
1	5	5	5	4	4	4	5	6	6	7	7	8
2	4	3	3	7	7	7	5	5	4	9	9	9
3	7	6	4	3	4	4	7	1	2	5	4	4
4	8	7	8	4	4	4	5	6	7	9	8	8
5	4	6	6	5	6	5	2	2	2	5	4	4
6	2	4	4	3	3	3	6	7	6	4	6	6
7	5	5	1	7	6	6	6	6	6	4	4	3
8	5	4	4	6	7	6	5	6	5	5	5	6
9	5	5	5	4	5	5	7	8	7	6	4	4
10	4	3	3	5	6	5	5	3	3	6	6	6
11	4	4	4	6	4	4	6	6	6	6	6	6
12	4	5	5	7	4	1	7	6	6	6	6	5
13	7	8	7	5	6	5	5	4	3	6	6	6
14	6	7	7	8	8	8	5	4	5	7	7	7
15	6	6	6	5	5	5	4	5	4	6	6	6
16	4	3	3	3	3	3	5	7	6	3	5	5
17	5	5	5	5	5	5	3	5	5	4	5	4
18	4	3	4	4	4	4	7	7	6	6	6	6
19	5	5	5	5	7	7	3	3	3	5	3	3
20	6	4	3	7	7	7	5	5	5	6	6	7
21	5	5	4	8	3	5	7	7	7	8	8	8
22	8	6	6	5	3	3	6	5	5	7	2	6
23	5	4	3	2	4	4	6	7	7	5	5	5
24	7	4	5	4	4	4	3	3	3	6	6	6
25	7	7	7	7	7	7	3	5	5	5	4	5
26	5	6	6	7	4	3	6	6	6	4	3	2
27	6	6	6	6	6	6	4	7	7	7	7	5
28	5	3	5	6	6	5	1	1	1	4	5	5
29	7	6	6	7	5	5	5	4	4	6	6	6
30	6	5	5	8	5	5	5	6	6	6	7	7
31	3	3	3	5	7	7	7	4	4	6	3	3

续框图

续表

编号	对照			黄油 5#			黄油 8#			黄油 5#+		
	香味	风味	后味	香味	风味	后味	香味	风味	后味	香味	风味	后味
32	8	8	8	6	7	7	4	7	7	6	9	9
33	1	1	1	6	5	5	6	6	6	5	5	5
34	5	6	5	5	6	8	6	5	5	6	6	6
35	4	3	3	7	3	3	4	4	4	5	5	5
36	5	5	4	3	3	3	4	4	4	5	6	7
37	6	6	6	6	6	6	6	8	6	5	3	3
38	5	5	5	7	6	5	7	7	7	6	8	8
39	6	6	3	6	6	6	6	6	5	6	5	5
40	5	5	5	4	7	9	6	7	4	1	4	1
41	3	3	3	7	7	7	5	7	7	6	5	5
42	6	7	6	5	5	5	6	6	7	5	5	5
43	5	4	4	2	2	1	8	7	6	7	6	6
44	5	6	7	7	7	6	7	7	7	6	6	6

注：5#、5#+、8#表示产品配方编号。

表 5-15 消费者喜好度评分结果（乳香）

编号	对照			牛乳 5#			牛乳 3#			牛乳 4#		
	香味	风味	后味	香味	风味	后味	香味	风味	后味	香味	风味	后味
1	3	3	2	4	3	3	4	4	4	3	4	3
2	4	3	4	4	2	4	3	2	2	5	3	4
3	4	4	5	4	3	4	3	4	3	3	3	3
4	3	4	3	4	4	5	3	4	4	5	4	5
5	2	2	3	3	3	4	2	1	2	4	3	2
6	5	5	5	4	3	3	3	3	5	4	3	4
7	3	2	3	4	4	4	4	3	3	5	5	3
8	1	4	4	4	3	3	4	3	3	3	3	3
9	3	3	4	3	3	5	1	4	3	2	3	3
10	4	4	3	4	4	4	4	4	4	3	3	3
11	3	3	3	4	4	4	4	4	2	2	2	2
12	2	2	2	3	4	3	3	3	3	3	3	3
13	3	3	3	3	3	3	4	4	4	4	4	4

续框图

续表

编号	对照			牛乳 5#			牛乳 3#			牛乳 4#		
	香味	风味	后味	香味	风味	后味	香味	风味	后味	香味	风味	后味
14	4	2	3	3	4	3	5	5	4	4	4	3
15	3	3	2	3	3	3	3	5	4	3	2	2
16	3	4	3	2	4	3	2	4	4	2	3	2
17	4	5	5	3	4	3	2	3	3	2	2	3
18	4	4	4	2	4	5	2	4	4	3	4	4
19	4	4	4	3	3	3	4	3	3	3	3	3
20	5	4	4	4	5	3	3	3	2	4	4	4
21	2	3	2	2	4	3	3	4	4	5	5	3
22	1	4	4	2	5	5	3	3	3	4	4	2
23	3	5	4	3	3	3	1	4	1	3	3	3
24	3	3	3	5	5	4	4	4	4	2	4	3
25	4	5	5	3	3	3	4	4	4	2	4	4
26	2	3	4	3	4	4	3	4	3	4	4	3
27	4	3	3	5	5	4	3	3	3	3	2	4
28	4	4	3	4	4	3	4	4	4	3	4	4
29	2	2	2	3	3	4	4	4	4	3	3	3
30	4	5	3	3	3	5	2	2	2	5	4	3
31	2	3	2	3	3	2	2	4	3	3	4	3
32	2	3	3	2	1	4	3	6	2	2	3	4
33	4	4	4	4	4	4	4	3	3	3	3	3
34	3	4	2	2	2	1	3	4	4	2	3	3
35	3	3	2	3	3	3	4	2	3	2	4	4
36	3	3	1	4	4	4	4	3	3	4	4	3
37	2	2	4	4	2	2	1	1	5	3	3	4
38	2	2	2	3	3	3	3	5	5	2	4	4
39	3	1	5	2	4	3	4	4	4	3	4	3
40	2	3	3	5	2	2	4	4	4	3	4	3
41	2	2	5	3	3	3	3	3	3	4	3	3
42	5	5	5	4	3	3	3	4	3	2	2	3
43	1	2	2	2	3	3	2	1	2	3	3	3
44	4	4	3	4	5	2	3	4	4	3	2	4

注：3#、4#、5# 表示产品配方编号。

续框图

表 5-16					消费者喜好度评分结果（黄油）							
编号	对照			黄油 5#			黄油 8#			黄油 5#+		
	香味	风味	后味	香味	风味	后味	香味	风味	后味	香味	风味	后味
1	3	3	3	3	2	2	1	4	3	4	3	3
2	2	2	2	4	4	4	1	3	4	5	5	5
3	3	4	3	4	4	3	1	5	5	3	3	3
4	4	4	4	2	3	2	2	3	4	2	5	4
5	3	3	3	3	3	3	2	2	2	3	4	4
6	4	3	2	3	3	3	2	3	3	3	3	4
7	3	4	5	3	3	3	3	3	3	3	3	2
8	2	3	2	5	4	4	3	3	3	1	3	3
9	1	2	2	1	4	3	3	3	3	4	5	4
10	2	2	2	3	4	3	2	2	2	3	3	3
11	3	3	3	4	4	3	3	4	4	2	3	3
12	4	3	3	1	5	5	3	3	3	3	3	3
13	5	5	5	3	4	3	3	2	2	2	2	4
14	3	3	3	4	4	4	3	2	2	3	4	3
15	2	3	2	2	2	2	3	3	3	2	3	4
16	4	4	2	1	1	1	3	4	4	1	2	2
17	3	3	3	4	3	3	4	3	3	2	3	2
18	4	4	3	2	4	3	4	3	3	2	4	4
19	2	3	3	2	4	3	4	3	2	4	2	4
20	3	3	2	3	3	4	4	3	2	4	4	4
21	3	5	3	2	2	2	4	4	4	5	4	4
22	4	3	4	4	5	5	4	3	3	1	5	2
23	4	4	4	1	3	2	4	3	4	3	3	3
24	5	4	3	3	3	2	4	4	4	3	4	3
25	4	4	3	2	4	3	5	4	4	2	4	3
26	4	4	3	4	2	4	5	4	4	3	2	2
27	4	4	3	2	3	3	5	4	3	2	4	3
28	3	4	3	3	3	3	1	1	1	3	3	3
29	3	3	2	3	3	2	1	3	3	3	3	2
30	3	3	3	3	3	3	2	4	3	3	4	4
31	5	5	5	2	3	3	2	3	4	2	4	3

续框图

续表

编号	对照			黄油 5#			黄油 8#			黄油 5#+		
	香味	风味	后味	香味	风味	后味	香味	风味	后味	香味	风味	后味
32	5	5	4	2	4	2	2	3	3	3	5	5
33	1	1	1	3	3	2	2	3	3	4	3	3
34	3	4	2	3	3	4	2	3	3	3	3	3
35	2	2	2	4	1	1	2	2	2	3	3	3
36	1	3	4	5	5	3	3	3	3	3	3	2
37	3	3	3	3	3	3	3	4	5	3	3	4
38	2	2	2	3	3	3	3	3	3	3	4	4
39	3	3	4	3	3	4	3	3	3	3	3	2
40	3	3	3	4	5	3	3	4	2	1	1	1
41	1	1	1	2	2	2	3	4	4	3	3	3
42	2	3	4	3	3	3	3	3	3	4	4	3
43	3	3	2	1	1	1	4	3	3	3	3	3
44	4	4	3	2	4	3	4	4	4	2	4	2

注：5#、5#+、8#表示产品配方编号。

■ 分析结果

本次测试发放问卷 54 份，回收有效问卷 44 份，其中女性占 91%，年龄在 20~40 岁的占 93%，每周购买烘焙食品一次以上的占 73%，以上数据均表明本次测试所收集的数据具有代表性。同时从问卷结果可以看出消费者在购买产品时主要考虑的因素依次是：好吃 84%，新鲜度 75%，成分（健康）64%，价格和品牌 52%。

● 乳香味测试结果

表 5-17　　　　　　　　　乳香组评分均值

特征	香味强度	风味强度	余味强度	香味喜好	风味喜好	余味喜好
对照	3.19	3.52	3.52	6.19	5.70	5.37
牛乳 5#	3.33	3.70	3.65	5.78	5.93	5.93
牛乳 3#	3.07	3.56	3.35	5.81	6.30	5.96
牛乳 4#	3.26	3.44	3.22	5.89	6.15	5.96

注：3#、4#、5#表示产品配方编号。

从表 5-17 可以看出牛乳 5# 香味最强，但是喜好度得分却最低，这表明大多数消费者喜欢清淡型的香气，从主观问题的回答上也可以看出，消费者更偏爱香气自然，清淡具有典型牛乳香气的产品。风味是指消费者在品尝时感受到的主体滋味，也是测试的最主要部分，就风味强度而言牛乳 3# 的得分与

续框图

对照组较为接近，从喜好度得分情况来看牛乳 3# 的得分是最高的。从余味的喜好得分情况来看，3 个测试样得分较为接近，并且都比对照高。综合以上 3 项，牛乳 3# 最有优势。

根据表 5-13 所收集的数据进行分级群聚分析，可以将 44 名受测员分为 9 个偏好组，如图 5-18 所示。

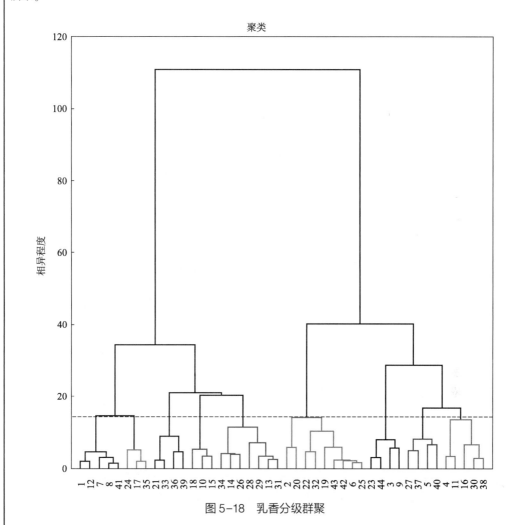

图 5-18　乳香分级群聚

根据表 5-13 所收集的数据画出消费者偏好图，在图中找出 4 个样品的位置，再将 9 个不同的偏好组分别指向图中不同的点。再将等值线图与消费者偏好图重合来看，可以直观表示消费者偏好的产品。图中灰色部分表示 60%~80% 的偏好程度，实心的点表示 9 个偏好组的实际指向，空心点为 4 个样品的实际位置。也就是说空心点的位置决定了消费者对其偏爱程度。

从图 5-19~图 5-21 中可以看出，3 个测试指标均没有产品落在灰色区域，即没有哪个产品是被消费者特别偏爱的。我们从中选出得分最高的牛乳 3# 作为较优产品，这与直观的均分结果相一致。

续框图

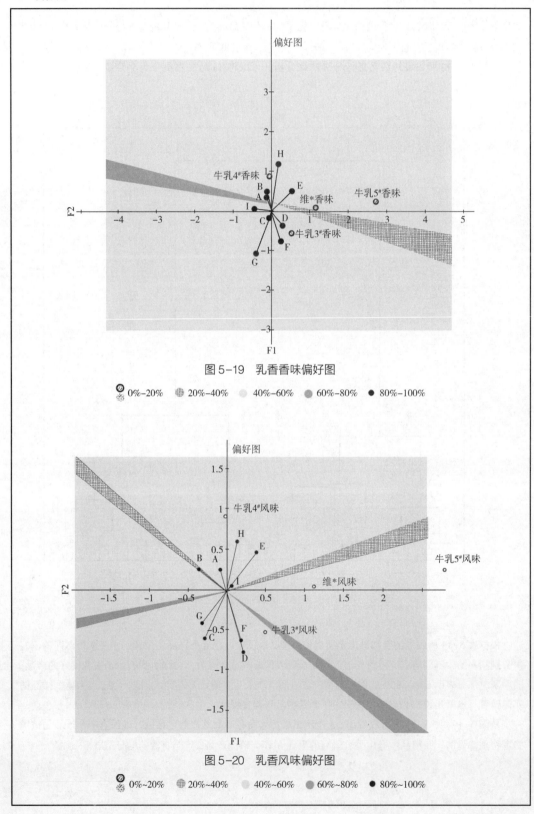

图 5-19 乳香香味偏好图

⊘ 0%~20%　⊞ 20%~40%　 40%~60%　● 60%~80%　● 80%~100%

图 5-20 乳香风味偏好图

⊘ 0%~20%　⊞ 20%~40%　 40%~60%　● 60%~80%　● 80%~100%

续框图

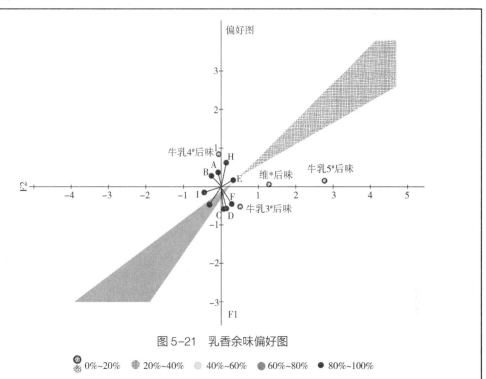

图5-21 乳香余味偏好图

⊘ 0%~20% ⊕ 20%~40% ○ 40%~60% ◐ 60%~80% ● 80%~100%

● 黄油味测试结果

表5-18 黄油组评分均值

特征	香味强度	风味强度	余味强度	香味喜好	风味喜好	余味喜好
对照	3.23	3.38	3.00	5.35	5.12	4.85
黄油 5#+	2.85	3.50	3.31	5.88	5.50	5.58
黄油 8#	3.15	3.19	3.19	5.19	5.50	5.15
黄油 5#	2.85	3.42	3.12	5.35	5.00	4.77

注：5#、5#+、8#表示产品配方编号。

从表5-18可以看出，黄油5#+在3个指标的喜好度上得分都最高，说明其相对于其他3个产品而言具有较大的优势。可以作为主推产品。

根据表5-14所收集的数据进行分级群聚分析，可以将44个受测员分为8个偏好组（图5-22）。

根据表5-14所收集的数据画出消费者偏好图，在图中找出4个样品的位置，再将8个不同的偏好组分别指向图中不同的点。再将等值线图与消费者偏好图重合来看，可以直观表示消费者偏好的产品。图中均匀灰色部分表示60%~80%的偏好程度，实心点表示8个偏好组的实际指向，空心点为4个样品的实际位置。也就是说空心点的位置决定了消费者对其的偏爱程度。

从图5-23~图5-25中可以看出，黄油5#+在香味和余味两个指标均落在了灰色区域。说明在这2个指标上黄油5#+是受消费者偏爱的。另外黄油8#在香味和风味两个指标也较为接近均匀灰色区域，说明这2个产品具有较明显的优势。这与我们从均值表上看出的结果比较接近。

续框图

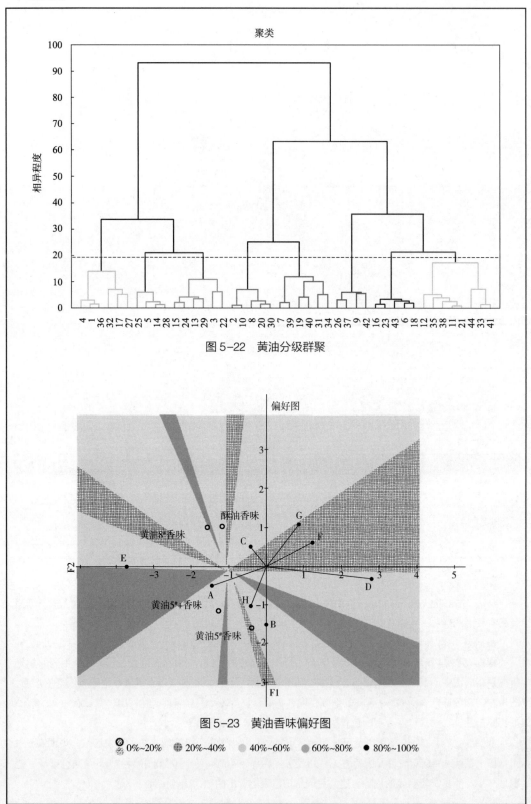

图 5-22 黄油分级群聚

图 5-23 黄油香味偏好图

续框图

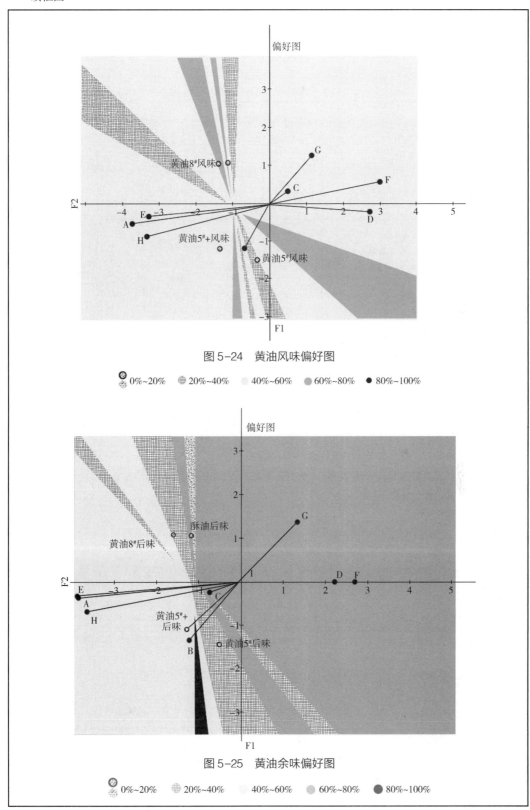

图 5-24 黄油风味偏好图

◎ 0%~20% ⊞ 20%~40% 40%~60% 60%~80% ● 80%~100%

图 5-25 黄油余味偏好图

◎ 0%~20% ⊞ 20%~40% 40%~60% 60%~80% ● 80%~100%

续框图

● 主成分分析（PCA）

进一步对香味、风味、余味进行主成分分析，可以看出消费者对于这 3 个指标所具有的偏爱性趋向，如图 5-26 所示。

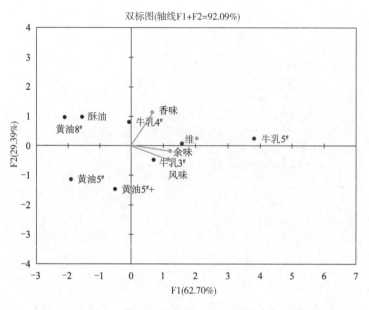

图 5-26　主成分分析图

图中以直线相连的点表示消费者对于香味、风味和余味 3 个指标的实际偏好值，散点表示各个样品得分所在的位置。越接近某个以直线相连的点表示其该项指标越能符合消费者偏好。牛乳 3# 在风味上最接近消费者偏好，维 * 在余味上最接近消费者偏好，几乎没有产品在香味上接近消费者偏好。同时我们也可以看到消费者的口味更加喜欢清淡的乳香味，而黄油味的产品则偏差较大。这一点可以适当表明消费者在口味的选择上更倾向牛乳味。

■ 讨论及建议

（1）选取牛乳 3# 作为乳味主推产品，黄油 5#+ 作为黄油味主推产品，由于受测人群为中高消费水平，建议产品主推短保、新鲜、价格稍高的应用方向，如面包房。

（2）由于多数消费者在选择产品时更注重"好吃"这个指标，所以在选择产品时可以重点关注风味指标的结果。

（3）如果有必要可以进行低消费水平的测试，选择不同的应用方向。

思考题

1. 一个食品从研发到最终到达消费者手中经历了很多个阶段，哪些阶段会涉及感官分析？

2. 尝试设计一份关于汉堡的消费者调研问卷。

3. 哪些感官分析方法更适用于产品质量检验？

CHAPTER

6

食品感官分析实验

加深理解不同感官分析方法的具体要求和相互之间的区别，能够做出合理的实验设计并对检验的结果进行统计分析和解释。

食品感官分析是一门实验性很强的学科，只有通过不断实践才能逐渐积累经验。虽然生活中的饮食提供了品尝食品的很多机会，但是系统、全面地进行食品感官分析方面的训练才能提高鉴别能力。

实验一　味觉敏感度测试

一、实 验 目 的

通过对不同试液的品尝，学会判别基本味觉（甜、酸、咸、苦）。将四种标准味感物质按几何系列和算术系列稀释，以浓度递增的顺序向评价员提供样品，品尝后记录味感。本实验可用于候选评价员味觉敏感度的测定，测定候选评价员对四种基本味道的识别能力及其察觉阈、识别阈、极限阈。

二、实 验 原 理

品尝一系列同一物质（基本味觉物），但浓度不同的水溶液，判别该物质可以辨别出味道的最低浓度，确定该物质的味阈。

察觉阈：该浓度时味感只是和水稍有不同，但物质的味道尚不明显。

识别阈：能够明确辨别该物质味道的最低浓度。

极限阈：超过此浓度，溶质再增加味感也无变化。

上述三种阈值的大小取决于评价者对样品的味觉敏感度。

三、实验步骤

依次向评价员提供溶液，要求评价员细心品尝每种溶液，如果溶液不咽下，需含在口中停留一段时间。每次品尝后用水漱口，实验期间样品和水温尽量保持在20℃。

1. 四种基本味道识别能力的测定

实验溶液选用几何系列或算术系列稀释溶液，配制每种基本味道溶液。把稀释溶液分别放置在9个已编号的容器内，每种味道的溶液分置于1~3个容器中，另有一容器盛水，评价员按随机提供的顺序分别取约15mL溶液，品尝后，按表6-1填写记录。

2. 不同类型的阈限测定

实验溶液同上，溶液自清水开始依次从低浓度到高浓度送交评价员，样品间可随机插入相同浓度的样品，由评价员各取15mL溶液，品尝后按表6-2填写记录。

如果要再品尝另一种味液，需等待1min后再品尝。

表6-1 味觉实验记录表

姓名： 日期：

容器编号	未知	甜味	酸味	苦味	咸味	水

注：请在样品对应的味觉位置上画×。

表6-2 味觉实验记录表

姓名： 日期：

容器顺序 容器编号	水	1	2	3	4	5	6	7	8	9	10	11
记录												

注：描述试液味道可选用下列味觉强度：

　　0——无味感或者味道如水；

　　?——不同于水，但不能明确辨别出某种味觉；

　　1——开始有味感，但很弱；

　　2——比较弱；

　　3——有明显的味感；

　　4——比较强烈的味感；

　　5——很强烈的味感。

表 6-3　　　　　　　　　　　　　四种基本味觉测定储备液

基本味道	参比物质	浓度/（g/L）
甜	蔗糖 $M=342.3$	32
酸	dl-酒石酸（结晶） $M=150.1$	2
	柠檬酸（一水化合物结晶） $M=210.1$	1
苦	盐酸奎宁（二水化合物） $M=196.9$	0.020
	咖啡因（一水化合物结晶） $M=212.12$	0.200
咸	无水氯化钠 $M=58.46$	6

注：M 为物质的相对分子质量；酒石酸和蔗糖溶液在实验前几小时配制；试剂均为分析纯。

表 6-4　　　　　　　　　　　　四种基本味液几何系列稀释液

稀释液	成分		实验溶液浓度/（g/L）					
	储备液/mL	水/mL	酸		苦		咸	甜
			酒石酸	柠檬酸	盐酸奎宁	咖啡因	氯化钠	蔗糖
G6	500	稀释至 1000	1	0.5	0.010	0.100	3	16
G5	250		0.5	0.25	0.005	0.050	1.5	8
G4	125		0.25	0.125	0.0025	0.025	0.75	4
G3	62		0.12	0.062	0.0012	0.012	0.37	2
G2	31		0.06	0.030	0.0006	0.006	0.18	1
G1	16		0.03	0.015	0.0003	0.003	0.09	0.5

表 6-5　　　　　　　　　　　　四种基本味液算术系列稀释液

稀释液	成分		实验溶液浓度/（g/L）					
	储备液/mL	水/mL	酸		苦		咸	甜
			酒石酸	柠檬酸	盐酸奎宁	咖啡因	氯化钠	蔗糖
A9	250	稀释至 1000	0.50	0.250	0.0050	0.050	1.50	8.0
A8	225		0.45	0.225	0.0045	0.045	1.35	7.2
A7	200		0.40	0.200	0.0040	0.040	1.20	6.4
A6	175		0.35	0.175	0.0035	0.035	1.05	5.6
A5	150		0.30	0.150	0.0030	0.030	0.90	4.8
A4	125		0.25	0.125	0.0025	0.025	0.75	4.0
A3	100		0.20	0.100	0.0020	0.020	0.60	3.2
A2	75		0.15	0.075	0.0015	0.015	0.45	2.4
A1	50		0.10	0.050	0.0010	0.010	0.30	1.6

实验二　嗅觉辨别测试

一、　实验目的

练习嗅觉辨别的方法；初步判断评价员的嗅觉识别能力。

二、　实验内容

打开样品小瓶盖子（避免观察样品的状态和颜色等情况产生的暗示），使鼻子接近瓶口（不应该太靠近），吸气，辨别逸出的气味，并将气味描述和气味辨别结果记录在记录表中。

三、　实验材料

（1）香原料　香兰素（奶油香、水果香、甜香，参考阈值438μg/L）、乙酰基香兰素（奶油香、水果香、哈密瓜香、香蕉香，参考阈值5588μg/kg）、己醛（花香、水果香，参考阈值25μg/L）、辛醛（青草香、水果香，参考阈值40μg/L）、丁酸乙酯（苹果香、菠萝香、水果香，参考阈值82μg/L）、辛酸乙酯（梨香、荔枝香，参考阈值13μg/L）、2-苯乙酸乙酯（玫瑰花香、桂花香，参考阈值407μg/L）、苯甲醛（杏仁香、坚果香，参考阈值4200μg/L）。

（2）溶剂　丙二醇、乙醇。

（3）其他材料　分析天平、容量瓶、移液枪等。

四、　实验步骤

1. 样品准备

取适量香原料加溶剂稀释，分别放于深棕色瓶中，每个样品以随机3位数编码。

2. 辩香测试

配置10个样品，浓度为10倍阈值，其中2个样品相同，2个样品相像，1个溶剂。嗅闻后按表6-6回答。

表6-6　　　　　　　　　　　　　　嗅觉实验记录表

姓名：　　　　　　　　　　　　　　日期：

试液号	520	531	369	914	……	451
香味描述						
相同的样品号						

3. 配对测试

配置10个样品（5组），浓度为3~5倍阈值。嗅闻后按表6-7回答。

表 6-7　　　　　　　　　　　　　　嗅觉实验记录表

姓名：　　　　　　　　　　　　　　　日期：

试液号	370	151	302	050	662
香味描述					
相同的样品号					

4. 阈值测试

配置 3~5 个样品，浓度由高到近阈值。嗅闻后按表 6-8 回答。

表 6-8　　　　　　　　　　　　　　嗅觉实验记录表

姓名：　　　　　　　　　　　　　　　日期：

试液号	134	775	490	276	……	593
香味描述						

五、 数据处理

如果某评价员在浓度为 c_1 时能感知到，而在 c_2 时不能感知到，而且高于 c_1 浓度都能感知到，低于 c_2 浓度后都不能感知到，则该评价员的个人阈值（OT_i）为：

$$OT_i = \sqrt{c_x + c_{x+1}}$$

若测定由 n 个人完成，则 n 个人的平均阈值（OT_n）为：

$$OT_n = \sqrt[n]{\prod_{i=1}^{n} OT_i}$$

（1）嗅觉容易疲劳，且较难得到恢复，因此应该限制样品实验的次数。

（2）如果样品气味刺激性很强烈，可以用嗅条浸入嗅觉样品中，将嗅条靠近鼻子闻气味。

实验三　二-三点测试

一、 实 验 原 理

当实验目的是确定两种样品之间是否存在感官上的不同，特别是比较的两个样品中有一个是标准样品或对照样品时，二-三点检验更适合。二-三点检验可以应用于由于原料、加工工艺、包装或贮藏条件发生变化时确定产品感官特征是否发生变化，或者在无法确定某些具体性质的差异时，确定两种产品之间是否存在总体差异。二-三点检验也可以用于对评价员的选择。

二、 实 验 材 料

使用市售蔗糖作为测试样品，配制浓度分别为 40g/L、50g/L 和 60g/L 的样品 A、B 和样品 C。分别设置 A 与 B 比较以及 B 与 C 的比较。

三、 实 验 步 骤

（1）将标准样品准备2组，其中1组标记为R，另外1组与当天产品B按照表6-9标记3位随机编码，不能混淆。

（2）按照表格中的编码进行装盘，每盘一份评价单，评价单上的编码要与样品编码一致。

（3）给评价员随机排序，根据表6-9准备和分发样品，提供如表6-10所示的评价单。

若一次让评价员完成16个二-三点检验会产生很大的味觉疲劳效应，所以测试可以分几次进行，或者让评价员每做完一个测试有足够的休息时间。表6-9中1~8组为A与B之间的比较，9~16组为B与C之间的比较，采用平衡对照模型。

四、 数 据 处 理

评价员评价完成后，收回评价单，将评价结果与样品准备工作表核对，统计正确选择的人数。由于3个样品的浓度仅相差1°Bx，并且在甜度曲线的平稳增长段，可以看作它们之间的差异是相等的。此时结果可以按两组单独查表（表2-2），也可以合并为一组查表。对结果的判断稍有影响。

表6-9 二-三点检验工作表/计分表

评价员	序列	编码			结果
1	R_A AB	R_A	234	543	
2	R_A BA	R_A	216	278	
3	R_A AB	R_A	247	895	
4	R_A BA	R_A	666	411	
5	R_B AB	R_B	574	330	
6	R_B BA	R_B	114	386	
7	R_B AB	R_B	261	908	
8	R_B BA	R_B	479	945	
9	R_B CB	R_B	716	625	
10	R_B BC	R_B	382	911	
11	R_B CB	R_B	324	633	
12	R_B BC	R_B	152	575	
13	R_C CB	R_C	229	979	
14	R_C BC	R_C	510	493	
15	R_C CB	R_C	566	775	
16	R_C BC	R_C	538	549	
17	...				

表 6-10　　　　　　　　　　　　　二-三点检验评价单

测 试 表 格

请填写以下信息：

姓名：　　　　　　　　　　　　　　日期：

员工编号：　　　　　　　　　　　　座位号：

本次测试共 1 盘/3 杯样品，请按下列表格中给出的顺序依次品尝不同编码的样品，3 杯样品中标记为 R 的样品是对照样，请最先品尝，而另 2 杯中有一杯与对照样品相同，请选择出一样的那杯样品，将结果依次填入下表中。

注意：

1. 请品尝足够的样品，以保持结果的准确性。

2. 品尝任一样品之前和之后，请记住用清水漱口，或食用少量的饼干（点心）以去除口中的余味。

盘号	品尝顺序			结果
1	R	304	472	

感谢您的参与。

实验四　三 点 测 试

一、　实 验 原 理

三点检验是差别检验中应用最为广泛的方法，主要用于鉴别产品间的细微差别。在 3 个待鉴别的样品中，有 2 个是相同的，需要把不同的样品判别出来。三点检验也可以用于对评价员的选择。对于刺激强的产品，可能产生适应或滞留效应，则应限制三点检验的使用。

二、　实 验 材 料

使用市售乳粉（可可粉、蔗糖等）作为测试样品，配置浓度分别为 100g/L 和 95g/L 的样品 A 和样品 B。为了避免重复品尝带来的味觉疲劳，一般三点检验提供样品量以一次或两次食用完毕为宜。液体一般在 30~50mL。

三、　实 验 步 骤

（1）两种产品分别准备，分两组（A 和 B）放置，不能混淆。

（2）按照表 6-11 中的编码进行装盘，每盘一份评价单（表 6-12），评价单上的编码要与样品编码一致。

（3）给评价员随机排序，分别领取相应的样品。感官测试尽量安排在评价室中进行，保证环境的整洁与安静，避免评价员之间的交流。

三点检验一般要求为参与测试的每个评价员提供唯一的测试编号，如果参加测试的人数较大，也可以给样品 A 与样品 B 分别编码一组 3 位数，然后搭配使用。参加测试的人数应为 6 的倍数，当不能满足此要求时，可以先以 6 位单位列样品顺序，余数按照此顺序依次选取。

四、数据处理

收集数据后，将评价结果与样品准备工作表核对，统计正确选择的人数。根据三点检验显著性检验的临界值表（表 2-5）得出结论。

表 6-11　　　　　　　　　　　　　三点检验工作表/计分表

评价员	序列	编码			结果
1	AAB	385	811	134	
2	ABA	266	685	982	
3	ABB	561	173	129	
4	BAA	941	273	632	
5	BBA	326	484	458	
6	BAB	692	253	362	
7	AAB	287	643	321	
8	ABA	834	959	218	
9	ABB	527	396	772	
10	BAA	339	557	681	
11	BBA	112	975	426	
12	BAB	263	794	848	
13	AAB	961	659	486	
14	ABA	375	114	523	
15	ABB	816	636	968	
16	BAA	873	384	592	
17	BBA	347	797	633	
18	BAB	731	872	165	
19	AAB	454	229	137	
20	ABA	946	862	698	
21	ABB	781	313	575	
22	...				

表 6-12　　　　　　　　　　　　　　　三点检验评价单

测 试 表 格

请填写以下信息：

姓名：　　　　　　　　　　　　　　　日期：

员工编号：　　　　　　　　　　　　　座位号：

本次测试共 1 盘/3 杯样品，请按下列表格中给出的顺序依次品尝不同编码的样品，3 杯样品中有 2 杯是一样的，而另一杯则不一样，请选择出不一样的那杯样品，将结果依次填入下表中。

注意：

1. 请品尝足够的样品，以保持结果的准确性。

2. 品尝任一样品之前和之后，请记住用清水漱口，或食用少量的饼干（点心）以去除口中的余味。

盘号	品尝顺序			结果
1	385	811	134	

感谢您的参与。

实验五　成对比较测试

一、实 验 原 理

成对比较差异检验是最简便也是应用最广泛的差别检验方法。可以应用于产品和工艺开发、质量控制等方面，也常用于决定是否使用更为复杂方法之前使用。由于成对比较每次只需要做一次评价（三点检验 3 个样品针对每两个产品之间需要做 3 次评价）不容易产生味觉疲劳，故可以进行多次实验，一般来说 10 次以内得出的结果都认为是可信的。但是成对比较不能用于整体感觉的比较，一般只能用于比较特定的某个感官性质，如哪个样品更甜（酸）。

二、实 验 材 料

本实验安排评价蔗糖与 55% 高果糖浆的甜味差异。

由于在实验之前已经预期高果糖浆更甜，即实验之前在理论上已经预期哪个样品的感官性质更强，所以采用有方向性成对比较检验。统计结果时应当注意。

使用市售蔗糖配制浓度分别为 100g/L，柠檬酸浓度为 1g/L——即浓度为 10°Bx 的样品 A，以及相同浓度的高果糖浆柠檬酸溶液 B。55% 高果糖浆的固形物一般为 75%，故在配制相应浓度溶液时溶质的质量应该为：100÷75%＝133.33g。

三、实验步骤

（1）分别准备两种产品，分两组［F（Flavor）和 B（Blank）］放置，不能混淆。

（2）按照表6-13中的编码进行装盘，每盘一份评价单（表6-14），评价单上的编码要与样品编码一致。

（3）给评价员随机排序，分别领取相应的样品。

四、数据处理

评价员评价完成后收回评价单，将评价结果与样品准备工作表核对，统计正确选择的人数，根据单尾检验临界值表作出判断。

表6-13   成对比较检验工作表/计分表

评价员	序列	编码		结果	评价员	序列	编码		结果
1	FB	979	776		21	FB	975	998	
2	BF	355	642		22	BF	794	124	
3	FB	898	463		23	FB	659	531	
4	BF	941	433		24	BF	114	645	
5	FB	484	581		25	FB	837	928	
6	BF	718	159		26	BF	356	297	
7	FB	685	434		27	FB	488	742	
8	BF	834	875		28	BF	872	815	
9	FB	527	228		29	FB	229	967	
10	BF	339	281		30	BF	862	957	
11	FB	112	626		31	FB	313	870	
12	BF	263	743		32	BF	217	932	
13	FB	961	198		33	FB	859	583	
14	BF	375	386		34	BF	385	721	
15	FB	798	843		35	FB	774	588	
16	BF	544	148		36	BF	312	438	
17	FB	299	354		37	FB	866	116	
18	BF	731	121		38	BF	396	395	
19	FB	454	795		39	FB	679	207	
20	BF	946	927		40	BF	153	318	

表6-14　　　　　　　　　　　　　　成对比较检验评价单

测 试 表 格

请填写以下信息：

姓名：　　　　　　　　　　　　日期：

员工编号：　　　　　　　　　　座位号：

甜味品尝：

1. 请品尝足够的样品以便你能准确的判断样品之间甜味的差异。

2. 请按下列表格中给出的顺序依次品尝不同编码的样品（从左到右），而不是盘子里样品的顺序。

3. 品尝任一样品之前和之后，请记住用清水漱口，或食用少量的饼干（点心）以去除口中的余味。一旦你的嘴巴感觉恢复正常，请继续品尝下一个样品。

4. 请集中注意力只品尝甜味，请在你感觉更甜的样品号码处画"√"。

979	776

感谢您的参与。

实验六　排序测试

一、实验原理

排序检验可以同时比较多个样品间某一特定感官性质（如甜度、风味强度等）的差异。排序检验是进行多个样品性质比较的最简单的方法，但得到的数据是一种性质强弱的顺序（秩次），不能提供任何有关差异程度的信息，两个位置相邻的样品无论差别非常大还是仅有细微差别，都是以一个秩次单位相隔。

二、实验材料

本实验评价3~5个市售面包的松软度，或者奶油风味强度。

三、实验步骤

（1）每种产品分别准备，分别放置，不能混淆。

（2）按照表6-15中的编码进行装盘，每盘一份评价单（表6-16），评价单上的编码要与样品编码一致。

（3）给评价员随机排序，分别领取相应的样品。

注：由于排序检验每个样品都将会被多次品尝，请提供足够量的样品。

表6-15   排序检验工作表

评价员	样品				
	A	B	C	D	E
1	426	312	371	703	242
2	848	797	275	677	633
3	895	774	385	629	814
4	658	666	839	128	141
5	971	217	545	179	325
6	523	822	531	275	395
7	731	229	961	658	207
8	283	510	266	971	318
9	510	872	561	892	143
10	146	243	519	769	583
11	961	264	871	452	721
12	496	746	417	881	588
13	775	512	159	667	438
14	330	152	434	242	213
15	968	754	281	331	599
16	592	296	454	496	356
17	892	859	326	103	172
18	278	385	692	470	476
19	…				

表6-16   排序检验评价单

测 试 表 格

请填写以下信息：

姓名：   日期：

员工编号：   座位号：

本次测试共1盘样品，5份/盘，请任意顺序品尝各样品，并根据您所品尝的口味强烈程度依次填写编码于对应的表格中。1至5口味依次增大。

注意：

1. 请品尝足够的样品，以保持结果的准确性。

2. 品尝任一样品之前和之后，请记住用清水漱口，以去除口中的余味。

（松软度/奶油风味强度）

样品描述	1	2	3	4	5
样品编码					

感谢您的参与。

四、　数 据 处 理

评价员评价完成后收回评价单，将评价结果与样品准备工作表核对，统计秩次和采用 Friedman 秩和检验，分析评价的几个样品感官性质是否有显著性差异。具体处理方法参见第二章"排序检验"部分。

实验七　描述性分析测试

一、　实 验 原 理

描述性分析测试是根据感官所能感知到的食品的各项感官特性，用专业术语形成对产品的客观描述。描述性分析测试够准确地显示在所评价的感官特性范围内，竞争产品与自己的产品存在着怎样的差别。其使用范围很广。

二、　实 验 材 料

本实验评价搅拌型酸乳，提供的参考指标如下：

光滑度、亮度、拉丝感、奶油感、风味释放、苦涩味、酸味、顺滑感、糊口感、浓厚感。

评价番茄酱：番茄味、肉桂味、丁香味、甜度、胡椒味、余味、滞留度、综合评价。

评价薯片（原味）：脆度、咸味、甜味、生淀粉味、油炸味、氧化味。

三、　实 验 步 骤

将 4 个样品分别编码，分发给每一个评价员，按照表 6-17 上的分类对产品进行打分。

表 6-17　　　　　　　　　　　酸乳描述分析评价单

感官测试表格 1（样品 528 号）

请填写以下信息：

姓名：　　　　　　　　　　　　　　　　　　性别：

年龄：　　　　　　　　　　　　　　　　　　职业：

测试日期：　　　　　　　　　　　　　　　　座位号：

注意：

1. 请品尝足够多的样品，并将其咽下，以保持结果的准确性。

2. 请按下列表格中给出的顺序依次品尝不同编码的样品（从左到右），而不是盘子里样品的顺序。

3. 品尝任一样品之前和之后，请记住用清水漱口，或食用少量的饼干（点心）以去除口中的余味。

续表

请仔细观察以下样品后回答：

1. 请注意观察下列样品并进行判断，请你观察样品的光滑度，并为样品打分（最光滑 7 分，最不光滑 1 分）。

| 1 | 2 | 3 | 4 | 5 | 6 | 7 |

2. 请注意观察下列样品并进行判断，请你观察样品的亮度，并为样品打分（最亮 7 分，最不亮 1 分）。

| 1 | 2 | 3 | 4 | 5 | 6 | 7 |

3. 请注意观察下列样品并进行判断，请你观察样品的拉丝感，并为样品打分（拉丝最长 7 分，拉丝最短 1 分）。

| 1 | 2 | 3 | 4 | 5 | 6 | 7 |

请认真品尝以下样品后回答：

4. 请注意品尝下列样品并进行判断，请你品尝样品的奶油感，并为样品打分（奶油感最强为 7 分，奶油感最差为 1 分）。

| 1 | 2 | 3 | 4 | 5 | 6 | 7 |

5. 请注意品尝下列样品并进行判断，请你品尝样品的风味释放，并为样品打分（风味释放最好为 7 分，风味释放最差为 1 分）。

| 1 | 2 | 3 | 4 | 5 | 6 | 7 |

6. 请注意品尝下列样品并进行判断，请你品尝样品的苦涩味，并为样品打分（最苦涩味 1 分，最不苦为 7 分）。

| 1 | 2 | 3 | 4 | 5 | 6 | 7 |

7. 请注意品尝下列样品并进行判断，请你品尝样品的酸味，并为样品打分（最酸为 7 分，最不酸为 1 分）。

| 1 | 2 | 3 | 4 | 5 | 6 | 7 |

8. 请注意品尝下列样品并进行判断，请你品尝样品的顺滑感，并为样品打分（最爽口为 7 分，最不爽口为 1 分）。

| 1 | 2 | 3 | 4 | 5 | 6 | 7 |

9. 请注意品尝下列样品并进行判断，请你品尝样品的糊口感，并为样品打分（最好融化为 7 分，最难融化为 1 分）。

| 1 | 2 | 3 | 4 | 5 | 6 | 7 |

续表

10. 请注意品尝下列样品并进行判断，请你品尝样品的浓厚感，并为样品打分（最稠厚为 7 分，最不稠厚为 1 分）。
 	
   1   2   3   4   5   6   7
 	
  感谢您的参与。

四、数据处理

评价员评价完成后收回评价单，将评价结果与样品准备工作表核对，统计结果，制作统计表（表6-18）：

表6-18　　　　　　　　　酸乳描述分析计分表（均值）

样品	指标									
	光滑度	亮度	拉丝感	奶油感	风味释放	苦涩味	酸味	爽口感	糊口感	浓厚感
371										
604										
984										
694										

根据 QDA 的结果转化成扇形图、半圆形图、圆形图、直线评估图、n 点法标度图等，在实际操作中可能有较多的评价指标。采用雷达图较为直观，故使用也较多，从图 6-1 中可以直观地看出每种产品各自的特点，在哪些方面与其他产品存在差别，相关人员可根据对产品的特殊要求来进行相应的调整。

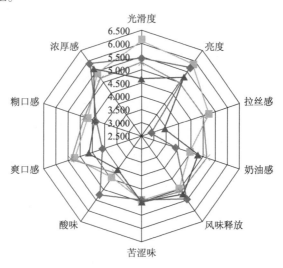

图6-1　酸乳描述分析统计图

◆—371　■—604　▲—984　✳—694

实验八　消费者喜好性测试

一、实　验　原　理

在新产品正式生产上市前需要通过感官评价来测定消费者对产品的喜爱程度，情感检验中的可接受性检验提供的产品感官质量信息对市场销售会有很好的指导作用。如果在检验中使用了等级标度法，评价员应能有效地区分产品之间的差异。若以消费者作为评价员，应考虑人口统计学、心理学及评价员的生活方式等。选择参与测试的群体对于结果的影响非常大，在设计问卷时必须注意。

二、实验材料和方法

某公司新开发两种调味乳饮料，希望选出一种进行推广，现设计如下问卷（框图6-1），在卖场进行消费者测试。

框图 6-1　消费者测试问卷

风味乳饮品评价表 A

请填写以下信息：

性别：　　　　　　年龄：　　　　　　测试日期：

注意：

1. 请品尝足够多的样品，并将其咽下，以保持结果的准确性。

2. 品尝任一样品之前和之后，请记住用清水漱口，或食用少量的饼干（点心）以去除口中的余味。

Q0　请问在过去1个月内，您购买过以下哪些产品呢？（可复选）	编号	跳题
牛乳	1	1
酸乳	2	1
乳酸饮料	3	1
以上皆无	4	结束

续框图

接下来，我想请您试喝一种全新有益健康的乳制品：

Q1 请问您对这种 A 饮品颜色的喜欢程度如何？		
非常喜欢	1
很喜欢	2
喜欢	3
还算喜欢	4
说不上喜欢不喜欢	5
不喜欢	6

Q2 喝过这个 A 饮品之后，请问您的整体喜欢程度为何？		
非常喜欢	1
很喜欢	2
喜欢	3
还算喜欢	4
说不上喜欢不喜欢	5
不喜欢	6

Q3 请问您对这个 A 饮品甜味的喜欢程度为？		
非常喜欢	1
很喜欢	2
喜欢	3
还算喜欢	4
说不上喜欢不喜欢	5
不喜欢	6

Q4 您觉得 A 饮品喝起来的甜味为？		
一点也不甜	1
不够甜	2
刚好	3
有点甜	4
非常甜	5

Q5 您觉得 A 饮品刚入口喝起来风味为？		
一点也不强	1
不够强	2
刚好	3
有点强	4
太强	5

Q6 您觉得 A 饮品刚入口喝起来的香味为？		
一点也不香	1
不够香	2
刚好	3
有点香	4
非常香	5

Q7 请问您对这个 A 饮品入口香味的喜欢程度为？		
非常喜欢	1
很喜欢	2
喜欢	3
还算喜欢	4
说不上喜欢不喜欢	5
不喜欢	6

Q8 您觉得 A 饮品喝起来的浓厚感为？		
一点也不浓	1
不够浓	2
刚好	3
有点浓	4
太浓	5

Q9 您觉得 A 饮品喝起来的奶油感为？		
一点也没有奶油感	1
不太有奶油感	2
刚好	3
有点奶油感	4
很有奶油感	5

Q10 您觉得 A 饮品喝起来的余味为？		
一点余味也没有	1
不太有余味	2
刚好	3
有点余味	4
余味很长	5

续框图

接下来，我还想请您试喝另一种风味乳饮品 B：

风味乳饮品评价表 B

注意：

1. 请品尝足够多的样品，并将其咽下，以保持结果的准确性。

2. 品尝任一样品之前和之后，请记住用清水漱口，或食用少量的饼干（点心）以去除口中的余味。

Q1　请问您对这种 B 饮品颜色的喜欢程度如何？			Q2　喝过这个 B 饮品之后，请问您的整体喜欢程度为何？		
	非常喜欢	1		非常喜欢	1
	很喜欢	2		很喜欢	2
	喜欢	3		喜欢	3
	还算喜欢	4		还算喜欢	4
	说不上喜欢不喜欢	5		说不上喜欢不喜欢	5
	不喜欢	6		不喜欢	6

Q3　请问您对这个 B 饮品甜味的喜欢程度为_____			Q4　您觉得 B 饮品喝起来的甜味为_____		
	非常喜欢	1		一点也不甜	1
	很喜欢	2		不够甜	2
	喜欢	3		刚好	3
	还算喜欢	4		有点甜	4
	说不上喜欢不喜欢	5		非常甜	5
	不喜欢	6			

Q5　您觉得 B 饮品刚入口喝起来风味为_____			Q6　您觉得 B 饮品刚入口喝起来的香味为_____		
	一点也不强	1		一点也不香	1
	不够强	2		不够香	2
	刚好	3		刚好	3
	有点强	4		有点香	4
	太强	5		非常香	5

Q7　请问您对这个 B 饮品入口香味的喜欢程度为_____			Q8　您觉得 B 饮品喝起来的浓厚感为_____		
	非常喜欢	1		一点也不浓	1
	很喜欢	2		不够浓	2
	喜欢	3		刚好	3
	还算喜欢	4		有点浓	4
	说不上喜欢不喜欢	5		太浓	5
	不喜欢	6			

续框图

Q9　您觉得 B 饮品喝起来的奶油感为_____	
一点也没有奶油感	1
不太有奶油感	2
刚好	3
有点奶油感	4
很有奶油感	5

Q10　您觉得 B 饮品喝起来的余味为_____	
一点余味也没有	1
不太有余味	2
刚好	3
有点余味	4
余味很长	5

A、B 两种乳饮料您更喜欢哪一个?

🔍 思考题

1. 试述三点检验和两两分组检验猜对的概率分别是多少?

2. 试述阈值有几种? 分别有什么意义?

3. 二-三点检验与三点检验的区别是什么?

4. 请设计一个 R 指数检验的实验方案。

5. 想一想 DOD 检验是否可以有其他的变化? 如何体现特征强于对照和特征弱于对照的区别?

附　录

附录一　二项式分布显著性检验表（ $\alpha = 0.05$ ）

评价员人数	成对比较检验 （单边）	成对比较检验 （双边）	三点检验	二-三点检验	五中取二检验
5	5	–	4	5	3
6	6	6	5	6	3
7	7	7	5	7	3
8	7	8	6	7	3
9	8	8	6	8	4
10	9	9	7	9	4
11	9	10	7	9	4
12	10	10	8	10	4
13	10	11	8	10	4
14	11	12	9	11	4
15	12	12	9	12	5
16	12	13	9	12	5
17	13	13	10	13	5
18	13	14	10	13	5
19	14	15	11	14	5
20	15	15	11	15	5
21	15	16	12	15	6
22	16	17	12	16	6

续表

评价员人数	成对比较检验（单边）	成对比较检验（双边）	三点检验	二–三点检验	五中取二检验
23	16	17	12	16	6
24	17	18	13	17	6
25	18	18	13	18	6
26	18	19	14	18	6
27	19	20	14	19	6
28	19	20	15	19	7
29	20	21	15	20	7
30	20	21	15	20	7
31	21	22	16	21	7
32	22	23	16	22	7
33	22	23	17	22	7
34	23	24	17	23	7
35	23	24	17	23	8
36	24	25	18	24	8
37	24	25	18	24	8
38	25	26	19	25	8
39	26	27	19	26	8
40	26	27	19	26	8
41	27	28	20	27	8
42	27	28	20	27	9
43	28	29	20	28	9
44	28	29	21	28	9
45	29	30	21	29	9
46	30	31	22	30	9
47	30	31	22	30	9
48	31	32	22	31	9
49	31	32	23	31	10
50	32	33	23	32	10

附录二　χ^2分布临界值

样品数 p	χ^2自由度（ $\nu = p-1$ ）	显著性水平 α	
		$\alpha = 0.05$	$\alpha = 0.01$
2	1	3.84	6.63
3	2	5.99	9.21
4	3	7.81	11.34
5	4	9.49	13.28
6	5	11.07	15.09
7	6	12.59	16.81
8	7	14.07	18.47
9	8	15.51	20.09
10	9	16.92	21.67
11	10	18.31	23.21
12	11	19.67	24.72
13	12	21.03	26.22
14	13	22.36	27.69
15	14	23.68	29.14
16	15	25.00	30.58
17	16	26.30	32.00
18	17	27.59	33.41
19	18	28.87	34.80
20	19	30.14	36.19
21	20	31.41	37.57
22	21	32.67	38.93
23	22	33.92	40.29
24	23	35.17	41.64
25	24	36.42	42.98
26	25	37.65	44.31
27	26	38.88	45.64
28	27	40.11	46.96
29	28	41.34	48.28
30	29	42.56	49.59

续表

样品数 p	χ^2 自由度（ $v=p-1$ ）	显著性水平 α	
		$\alpha=0.05$	$\alpha=0.01$
31	30	43.77	50.89
32	31	44.99	52.19
33	32	46.14	53.49
34	33	47.40	54.78
35	34	48.60	56.06
36	35	49.80	57.34
37	36	51.00	58.62
38	37	52.19	59.89
39	38	53.38	61.16
40	39	54.57	62.43
41	40	55.76	63.69
42	41	56.94	64.95
43	42	58.12	66.21
44	43	59.30	67.46
45	44	60.48	68.71
46	45	61.66	69.96
47	46	62.83	71.20
48	47	64.00	72.44
49	48	65.17	73.68
50	49	66.34	74.92
51	50	67.51	76.15
52	51	68.67	77.39
53	52	69.83	78.62
54	53	70.99	79.84
55	54	72.15	81.07
56	55	73.31	82.29
57	56	74.47	83.51
58	57	75.62	84.73
59	58	76.78	85.95
60	59	77.93	87.17

续表

样品数 p	x^2自由度（$v = p-1$）	显著性水平 α	
		$\alpha = 0.05$	$\alpha = 0.01$
61	60	79.08	88.38
62	61	80.23	89.59
63	62	81.38	90.80
64	63	82.53	92.01
65	64	83.68	93.22
66	65	84.82	94.42
67	66	85.97	95.63
68	67	87.11	96.83
69	68	88.25	98.03
70	69	89.39	99.23
71	70	90.53	100.43
72	71	91.67	101.62
73	72	92.81	102.82
74	73	93.95	104.01
75	74	95.08	105.20
76	75	96.22	106.39
77	76	97.35	107.58
78	77	98.48	108.77
79	78	99.62	109.96
80	79	100.75	111.14
81	80	101.88	112.33
82	81	103.01	113.51
83	82	104.14	114.70
84	83	105.27	115.88
85	84	106.40	117.06
86	85	107.52	118.24
87	86	108.65	119.41
88	87	109.77	120.59
89	88	110.90	121.77
90	89	112.02	122.94

附录三　Spearman 秩相关检验临界值

样品数	显著性水平 α		样品数	显著性水平 α	
	$\alpha = 0.05$	$\alpha = 0.01$		$\alpha = 0.05$	$\alpha = 0.01$
6	0.886		19	0.460	0.584
7	0.786	0.929	20	0.447	0.570
8	0.738	0.881	21	0.435	0.556
9	0.700	0.833	22	0.425	0.544
10	0.648	0.794	23	0.415	0.532
11	0.618	0.755	24	0.406	0.521
12	0.587	0.727	25	0.398	0.511
13	0.560	0.703	26	0.390	0.501
14	0.538	0.675	27	0.382	0.491
15	0.521	0.654	28	0.375	0.483
16	0.503	0.635	29	0.368	0.475
17	0.485	0.615	30	0.362	0.467
18	0.472	0.600			

附录四　Friedman 检验的临界值

评价员人数 j	样品数 p									
	3	4	5	6	7	3	4	5	6	7
	显著性水平 $\alpha = 0.05$					显著性水平 $\alpha = 0.01$				
7	7.143	7.8	9.11	10.62	12.07	8.857	10.371	11.97	13.69	15.35
8	6.250	7.65	9.19	10.68	12.14	9.000	10.35	12.14	13.87	15.53
9	6.222	7.66	9.22	10.73	12.19	9.667	10.44	12.27	14.01	15.68
10	6.200	7.67	9.25	10.76	12.23	9.600	10.53	12.38	14.12	15.79
11	6.545	7.68	9.27	10.79	12.27	9.455	10.60	12.46	14.21	15.89
12	6.167	7.70	9.29	10.81	12.29	9.500	10.68	12.53	14.28	15.96
13	6.000	7.70	9.30	10.83	12.37	9.38	10.72	12.58	14.34	16.03
14	6.143	7.71	9.32	10.85	12.34	9.000	10.76	12.64	14.40	16.09
15	6.400	7.72	9.33	10.87	12.35	8.933	10.80	12.68	14.44	16.14
16	5.99	7.73	9.34	10.88	12.37	8.79	10.84	12.72	14.48	16.18
17	5.99	7.73	9.34	10.89	12.38	8.81	10.87	12.74	14.52	16.22
18	5.99	7.73	9.36	10.90	12.39	8.84	10.90	12.78	14.56	16.25
19	5.99	7.74	9.36	10.91	12.40	8.86	10.92	12.81	14.58	16.27
20	5.99	7.74	9.37	10.92	12.41	8.87	10.94	12.83	14.60	16.30
∞	5.99	7.81	9.49	11.07	12.59	9.21	11.34	13.28	15.09	16.81

附录五 F 分布表

表中数据表达式形式为 $F_\alpha (v_1, v_2)$

$\alpha = 0.10$

v_2 \ v_1	1	2	3	4	5	6	7	8	9	10	12	15	20	24	30	40	60	120	∞
1	39.86	49.50	53.59	55.83	57.24	58.20	58.91	59.44	59.86	60.19	60.71	61.22	61.74	62.00	62.26	62.53	62.79	63.06	63.33
2	8.53	9.00	9.16	9.24	9.29	9.33	9.35	9.37	9.38	9.39	9.41	9.42	9.44	9.45	9.46	9.47	9.47	9.48	9.49
3	5.54	5.46	5.39	5.34	5.31	5.28	5.27	5.25	5.24	5.23	5.22	5.20	5.18	5.18	5.17	5.16	5.15	5.14	5.13
4	4.54	4.32	4.19	4.11	4.05	4.01	3.98	3.95	3.94	3.92	3.90	3.87	3.84	3.83	3.82	3.80	3.79	3.78	3.76
5	4.06	3.78	3.62	3.52	3.45	3.40	3.37	3.34	3.32	3.30	3.27	3.24	3.21	3.19	3.17	3.16	3.14	3.12	3.10
6	3.78	3.46	3.29	3.18	3.11	3.05	3.01	2.98	2.96	2.94	2.90	2.87	2.84	2.82	2.80	2.78	2.76	2.74	2.72
7	3.59	3.26	3.07	2.96	2.88	2.83	2.78	2.75	2.72	2.70	2.67	2.63	2.59	2.58	2.56	2.54	2.51	2.49	2.47
8	3.46	3.11	2.92	2.81	2.73	2.67	2.62	2.59	2.56	2.54	2.50	2.46	2.42	2.40	2.38	2.36	2.34	2.32	2.29
9	3.36	3.01	2.81	2.69	2.61	2.55	2.51	2.47	2.44	2.42	2.38	2.34	2.30	2.28	2.25	2.23	2.21	2.18	2.16
10	3.29	2.92	2.73	2.61	2.52	2.46	2.41	2.38	2.35	2.32	2.28	2.24	2.20	2.18	2.16	2.13	2.11	2.08	2.06
11	3.23	2.86	2.66	2.54	2.45	2.39	2.34	2.30	2.27	2.25	2.21	2.17	2.12	2.10	2.08	2.05	2.03	2.00	1.97
12	3.18	2.81	2.61	2.48	2.39	2.33	2.28	2.24	2.21	2.19	2.15	2.10	2.06	2.04	2.01	1.99	1.96	1.93	1.90
13	3.14	2.76	2.56	2.43	2.35	2.28	2.23	2.20	2.16	2.14	2.10	2.05	2.01	1.98	1.96	1.93	1.90	1.88	1.85
14	3.10	2.73	2.52	2.39	2.31	2.24	2.19	2.15	2.12	2.10	2.05	2.01	1.96	1.94	1.91	1.89	1.86	1.83	1.80
15	3.07	2.70	2.49	2.36	2.27	2.21	2.16	2.12	2.09	2.06	2.02	1.97	1.92	1.90	1.87	1.85	1.82	1.79	1.76
16	3.05	2.67	2.46	2.33	2.24	2.18	2.13	2.09	2.06	2.03	1.99	1.94	1.89	1.87	1.84	1.81	1.78	1.75	1.72
17	3.03	2.64	2.44	2.31	2.22	2.15	2.10	2.06	2.03	2.00	1.96	1.91	1.86	1.84	1.81	1.78	1.75	1.72	1.69
18	3.01	2.62	2.42	2.29	2.20	2.13	2.08	2.04	2.00	1.98	1.93	1.89	1.84	1.81	1.78	1.75	1.72	1.69	1.66

续表

ν_2	1	2	3	4	5	6	7	8	9	10	12	15	20	24	30	40	60	120	∞
										$\alpha=0.10$									
19	2.99	2.61	2.40	2.27	2.18	2.11	2.06	2.02	1.98	1.96	1.91	1.86	1.81	1.79	1.76	1.73	1.70	1.67	1.63
20	2.97	2.59	2.38	2.25	2.16	2.09	2.04	2.00	1.96	1.94	1.89	1.84	1.79	1.77	1.74	1.71	1.68	1.64	1.61
21	2.96	2.57	2.36	2.23	2.14	2.08	2.02	1.98	1.95	1.92	1.87	1.83	1.78	1.75	1.72	1.69	1.66	1.62	1.59
22	2.95	2.56	2.35	2.22	2.13	2.06	2.01	1.97	1.93	1.90	1.86	1.81	1.76	1.73	1.70	1.67	1.64	1.60	1.57
23	2.94	2.55	2.34	2.21	2.11	2.05	1.99	1.95	1.92	1.89	1.84	1.80	1.74	1.72	1.69	1.66	1.62	1.59	1.55
24	2.93	2.54	2.33	2.19	2.10	2.04	1.98	1.94	1.91	1.88	1.83	1.78	1.73	1.70	1.67	1.64	1.61	1.57	1.53
25	2.92	2.53	2.32	2.18	2.09	2.02	1.97	1.93	1.89	1.87	1.82	1.77	1.72	1.69	1.66	1.63	1.59	1.56	1.52
26	2.91	2.52	2.31	2.17	2.08	2.01	1.96	1.92	1.88	1.86	1.81	1.76	1.71	1.68	1.65	1.61	1.58	1.54	1.50
27	2.90	2.51	2.30	2.17	2.07	2.00	1.95	1.91	1.87	1.85	1.80	1.75	1.70	1.67	1.64	1.60	1.57	1.53	1.49
28	2.89	2.50	2.29	2.16	2.06	2.00	1.94	1.90	1.87	1.84	1.79	1.74	1.69	1.66	1.63	1.59	1.56	1.52	1.48
29	2.89	2.50	2.28	2.15	2.06	1.99	1.93	1.89	1.86	1.83	1.78	1.73	1.68	1.65	1.62	1.58	1.55	1.51	1.47
30	2.88	2.49	2.28	2.14	2.05	1.98	1.93	1.88	1.85	1.82	1.77	1.72	1.67	1.64	1.61	1.57	1.54	1.50	1.46
40	2.84	2.44	2.23	2.09	2.00	1.93	1.87	1.83	1.79	1.76	1.71	1.66	1.61	1.57	1.54	1.51	1.47	1.42	1.38
60	2.79	2.39	2.18	2.04	1.95	1.87	1.82	1.77	1.74	1.71	1.66	1.60	1.54	1.51	1.48	1.44	1.40	1.35	1.29
120	2.75	2.35	2.13	1.99	1.90	1.82	1.77	1.72	1.68	1.65	1.60	1.55	1.48	1.45	1.41	1.37	1.32	1.26	1.19
∞	2.71	2.30	2.08	1.94	1.85	1.77	1.72	1.67	1.63	1.60	1.55	1.49	1.42	1.38	1.34	1.30	1.24	1.17	1.00
											$\alpha=0.05$								
1	161.4	199.5	215.7	224.6	230.2	234.0	236.8	238.9	240.5	241.9	243.9	245.9	248.0	249.1	250.1	251.1	252.2	253.3	254.3
2	18.51	19.00	19.16	19.25	19.30	19.33	19.35	19.37	19.38	19.40	19.41	19.43	19.45	19.45	19.46	19.47	19.48	19.49	19.50
3	10.13	9.55	9.28	9.12	9.10	8.94	8.89	8.85	8.81	8.79	8.74	8.70	8.66	8.64	8.62	8.59	8.57	8.55	8.53

4	7.71	6.94	6.59	6.39	6.26	6.16	6.09	6.04	6.00	5.96	5.91	5.86	5.80	5.77	5.75	5.72	5.69	5.66	5.63
5	6.61	5.79	5.41	5.19	5.05	4.95	4.88	4.82	4.77	4.74	4.68	4.62	4.56	4.53	4.50	4.46	4.43	4.40	4.36
6	5.99	5.14	4.76	4.53	4.39	4.28	4.21	4.15	4.10	4.06	4.00	3.94	3.87	3.84	3.81	3.77	3.74	3.70	3.67
7	5.59	4.74	4.35	4.12	3.97	3.87	3.79	3.73	3.68	3.64	3.57	3.51	3.44	3.41	3.38	3.34	3.30	3.27	3.23
8	5.32	4.46	4.07	3.96	3.84	3.58	3.50	3.44	3.39	3.35	3.28	3.22	3.15	3.12	3.08	3.04	3.01	2.97	2.93
9	5.12	4.26	3.86	3.63	3.48	3.37	3.29	3.23	3.18	3.14	3.07	3.01	2.94	2.90	2.86	2.83	2.79	2.75	2.71
10	4.96	4.10	3.71	3.48	3.33	3.22	3.14	3.07	3.02	2.98	2.91	2.85	2.77	2.74	2.70	2.66	2.62	2.58	2.54
11	4.84	3.98	3.59	3.36	3.20	3.09	3.01	2.95	2.90	2.85	2.79	2.72	2.65	2.61	2.57	2.53	2.49	2.45	2.40
12	4.75	3.89	3.49	3.26	3.11	3.00	2.91	2.85	2.80	2.75	2.69	2.62	2.54	2.51	2.47	2.43	2.38	2.34	2.30
13	4.46	3.81	3.41	3.18	3.03	2.92	2.83	2.77	2.71	2.67	2.60	2.53	2.46	2.42	2.38	2.34	2.30	2.25	2.21
14	4.60	3.74	3.34	3.11	2.96	2.85	2.76	2.70	2.65	2.60	2.53	2.46	2.39	2.35	2.31	2.27	2.22	2.18	2.13
15	4.54	3.68	3.29	3.06	2.90	2.79	2.71	2.64	2.59	2.54	2.48	2.40	2.33	2.29	2.25	2.20	2.16	2.11	2.07
16	4.49	3.63	3.24	3.01	2.85	2.74	2.66	2.59	2.54	2.49	2.42	2.35	2.28	2.24	2.19	2.15	2.11	2.06	2.01
17	4.45	3.59	3.20	2.96	2.81	2.70	2.61	2.55	2.49	2.45	2.38	2.31	2.23	2.19	2.15	2.10	2.06	2.01	1.96
18	4.41	3.55	3.16	2.93	2.77	2.66	2.58	2.51	2.46	2.41	2.34	2.27	2.19	2.15	2.11	2.06	2.02	1.97	1.92
19	4.38	3.52	3.13	2.90	2.74	2.63	2.54	2.48	2.42	2.38	2.31	2.23	2.16	2.11	2.07	2.03	1.98	1.93	1.88
20	4.35	3.49	3.10	2.87	2.71	2.60	2.51	2.45	2.39	2.35	2.28	2.20	2.12	2.08	2.04	1.99	1.95	1.90	1.84
21	4.32	3.47	3.07	2.84	2.68	2.57	2.49	2.42	2.37	2.32	2.25	2.18	2.10	2.05	2.01	1.96	1.92	1.87	1.81
22	4.30	3.44	3.05	2.82	2.66	2.55	2.46	2.40	2.34	2.30	2.23	2.15	2.07	2.03	1.98	1.94	1.89	1.84	1.78
23	4.28	3.42	3.03	2.80	2.64	2.53	2.44	2.37	2.32	2.27	2.20	2.13	2.05	2.01	1.96	1.91	1.86	1.81	1.76
24	4.26	3.40	3.01	2.78	2.62	2.51	2.42	2.36	2.30	2.25	2.18	2.11	2.03	1.98	1.94	1.89	1.84	1.79	1.73
25	4.24	3.39	2.99	2.76	2.60	2.49	2.40	2.34	2.28	2.24	2.16	2.09	2.01	1.96	1.92	1.87	1.82	1.77	1.71
26	4.23	3.37	2.98	2.74	2.59	2.47	2.39	2.32	2.27	2.22	2.15	2.07	1.99	1.95	1.90	1.85	1.80	1.75	1.69
27	4.21	3.35	2.96	2.73	2.57	2.46	2.37	2.31	2.25	2.20	2.13	2.06	1.97	1.93	1.88	1.84	1.79	1.73	1.67

续表

ν_2	1	2	3	4	5	6	7	8	9	10	12	15	20	24	30	40	60	120	∞
									$\alpha=0.05$										
28	4.20	3.34	2.95	2.71	2.56	2.45	2.36	2.29	2.24	2.19	2.12	2.04	1.96	1.91	1.87	1.82	1.77	1.71	1.65
29	4.18	3.33	2.93	2.70	2.55	2.43	2.35	2.28	2.22	2.18	2.10	2.03	1.94	1.90	1.85	1.81	1.75	1.70	1.64
30	4.17	3.32	2.92	2.69	2.53	2.42	2.33	2.27	2.21	2.16	2.09	2.01	1.93	1.89	1.84	1.79	1.71	1.68	1.62
40	4.08	3.23	2.84	2.61	2.45	2.34	2.25	2.18	2.12	2.08	2.00	1.92	1.84	1.79	1.74	1.69	1.64	1.58	1.51
60	4.00	3.15	2.76	2.53	2.37	2.25	2.17	2.10	2.04	1.99	1.92	1.84	1.75	1.70	1.65	1.59	1.53	1.47	1.39
120	3.92	3.07	2.68	2.45	2.29	2.17	2.09	2.02	1.96	1.91	1.83	1.75	1.66	1.61	1.55	1.50	1.43	1.35	1.25
∞	3.84	3.00	2.60	2.37	2.21	2.10	2.01	1.94	1.88	1.83	1.75	1.67	1.57	1.52	1.46	1.39	1.32	1.22	1.00
									$\alpha=0.01$										
1	4.52	4999.5	5403	5625	5764	5859	5928	5982	6022	6056	6106	6157	6209	6235	6261	6287	6313	6339	6366
2	98.50	99.00	99.17	99.25	99.30	99.33	99.36	99.37	99.39	99.40	99.42	99.43	99.45	99.46	99.47	99.47	99.48	99.49	99.50
3	34.12	30.82	29.46	28.71	28.24	27.91	27.67	27.49	27.35	27.23	27.05	26.87	26.69	26.60	26.50	26.41	26.32	26.22	26.13
4	21.20	18.00	16.69	15.98	15.52	15.21	14.98	14.80	14.66	14.55	14.37	14.20	14.02	13.93	13.84	13.75	13.63	13.56	13.46
5	16.26	13.27	12.06	11.39	1097	10.67	10.46	10.29	10.16	10.05	9.89	9.72	9.55	9.47	9.38	9.29	9.20	9.11	9.02
6	13.75	10.92	9.78	9.15	8.75	8.47	8.26	8.10	7.98	7.87	7.72	7.56	7.40	7.31	7.23	7.14	7.06	6.97	6.88
7	12.25	9.55	8.45	7.85	7.46	7.19	6.99	6.84	6.72	6.62	6.47	6.31	6.16	6.07	5.99	5.91	5.82	5.74	5.65
8	11.26	8.65	7.59	7.01	6.63	6.37	6.18	6.03	5.91	5.81	5.67	5.52	5.36	5.28	5.20	5.12	5.03	4.95	4.36
9	10.56	8.02	6.99	6.42	6.06	5.8/0	5.61	5.47	5.35	5.26	5.11	4.96	4.81	4.73	4.65	4.57	4.48	4.40	4.31
10	10.04	7.56	6.55	5.99	5.64	5.39	5.20	5.06	4.94	4.85	4.71	4.56	4.41	4.33	4.25	4.17	4.08	4.00	3.91
11	9.65	7.21	6.22	5.67	5.32	5.07	4.89	4.74	4.63	4.54	4.40	4.25	4.10	4.02	3.94	3.86	3.78	3.69	3.60

df																			
12	9.33	6.93	5.95	5.41	5.06	4.82	4.64	4.50	4.39	4.30	4.16	4.01	3.86	3.78	3.70	3.62	3.54	3.45	3.36
13	9.07	6.70	5.74	5.21	4.86	4.62	4.44	4.30	4.19	4.10	3.96	3.82	3.66	3.59	3.51	3.43	3.34	3.25	3.17
14	8.86	6.51	5.56	5.04	4.69	4.46	4.28	4.14	4.03	3.94	3.80	3.66	3.51	3.43	3.35	3.27	3.18	3.09	3.00
15	8.68	6.36	5.42	4.89	4.56	4.32	4.14	4.00	3.89	3.80	3.67	3.52	3.37	3.29	3.21	3.13	3.05	2.96	2.87
16	8.53	6.23	5.29	4.77	4.44	4.20	4.03	3.89	3.78	3.69	3.55	3.41	3.26	3.18	3.10	3.02	2.93	2.84	2.75
17	8.40	6.11	5.18	4.67	4.34	4.10	3.93	3.79	3.68	3.59	3.46	3.31	3.16	3.08	3.00	2.92	2.83	2.75	2.65
18	8.29	6.01	5.09	4.58	4.25	4.01	3.84	3.71	3.60	3.51	3.37	3.23	3.08	3.00	2.92	2.84	2.75	2.66	2.57
19	8.18	5.93	5.01	4.50	4.17	3.94	3.77	3.63	3.52	3.43	3.30	3.15	3.00	2.92	2.84	2.76	2.67	2.58	2.49
20	8.10	5.85	4.94	4.43	4.10	3.87	3.70	3.56	3.46	3.37	3.23	3.09	2.94	2.86	2.78	2.69	2.61	2.52	2.42
21	8.02	5.78	4.87	4.37	4.04	3.81	3.64	3.51	3.40	3.31	3.17	3.03	2.88	2.80	2.72	2.64	2.55	2.46	2.36
22	7.95	5.72	4.84	4.31	3.99	3.76	3.59	3.45	3.35	3.26	3.12	2.98	2.83	2.75	2.67	2.58	2.50	2.40	2.31
23	7.88	5.66	4.76	4.26	3.94	3.71	3.54	3.41	3.30	3.21	3.07	2.93	2.78	2.70	2.62	2.54	2.45	2.35	2.26
24	7.82	5.61	4.72	4.22	3.90	3.67	3.50	3.36	3.26	3.17	3.03	2.89	2.74	2.66	2.58	2.49	2.40	2.31	2.21
25	7.77	5.57	4.68	4.18	3.85	3.63	3.46	3.32	3.22	3.13	2.99	2.85	2.70	2.62	2.54	2.45	2.36	2.26	2.17
26	7.72	5.53	4.64	4.14	3.82	3.59	3.42	3.29	3.18	3.09	2.96	2.81	2.66	2.58	2.50	2.42	2.33	2.23	2.13
27	7.68	5.49	4.60	4.11	3.78	3.56	3.39	3.26	3.15	3.06	2.93	2.78	2.63	2.55	2.47	2.38	2.29	2.20	2.10
28	7.64	5.45	4.57	4.07	3.75	3.53	3.36	3.23	3.12	3.03	2.90	2.75	2.60	2.52	2.44	2.35	2.26	2.17	2.06
29	7.60	5.42	4.54	4.04	3.73	3.50	3.33	3.20	3.09	3.00	2.87	2.73	2.57	2.49	2.43	2.33	2.23	2.14	2.03
30	7.56	5.39	4.51	4.02	3.70	3.47	3.30	3.17	3.07	2.89	2.84	2.70	2.55	2.47	2.39	2.30	2.21	2.11	2.01
40	7.31	5.18	4.31	3.83	3.51	3.29	3.12	2.99	2.89	2.80	2.66	2.52	2.37	2.29	2.20	2.11	2.02	1.92	1.80
60	7.08	4.98	4.13	3.65	3.34	3.12	2.95	2.82	2.72	2.63	2.50	2.35	2.20	2.12	2.03	1.94	1.84	1.73	1.60
120	6.85	4.79	3.95	3.48	3.17	2.96	2.79	2.66	2.56	2.47	2.34	2.19	2.03	1.95	1.86	1.76	1.66	1.53	1.38
∞	6.63	4.61	3.78	3.32	3.02	2.80	2.64	2.51	2.41	2.32	2.18	2.04	1.88	1.79	1.70	1.59	1.47	1.32	1.00

附录六 方差齐次性检验的临界值

评价员人数	显著性水平 α		评价员人数	显著性水平 α	
	$\alpha=0.05$	$\alpha=0.01$		$\alpha=0.05$	$\alpha=0.01$
3	0.871	0.942	17	0.305	0.372
4	0.768	0.864	18	0.293	0.356
5	0.684	0.788	19	0.281	0.343
6	0.616	0.722	20	0.270	0.330
7	0.561	0.664	21	0.261	0.318
8	0.516	0.615	22	0.252	0.307
9	0.478	0.573	23	0.243	0.297
10	0.445	0.536	24	0.235	0.287
11	0.417	0.504	25	0.228	0.278
12	0.392	0.475	26	0.221	0.270
13	0.371	0.450	27	0.215	0.262
14	0.352	0.427	28	0.209	0.255
15	0.335	0.407	29	0.203	0.248
16	0.319	0.388	30	0.198	0.241

附录七 拉丁方设计所用标准方表

4×4 标准方

```
ABCD    ABCD    ABCD    ABCD
BACD    BCDA    BDAC    BADC
CDBA    CDAB    CADB    CDAB
DCAB    DABC    DCBA    DCBA
```

部分 5×5 标准方

```
ABCDE   ABCDE   ABCDE   ABCDE   ABCDE   ABCDE   ABCDE   ABCDE
BAEDC   BADEC   BAECD   BADEC   BCDEA   BCDEA   BCEAD   BCEAD
CDAEB   CEBAD   CEDAB   CDEAB   CEBAD   CEABD   CDBEA   CADEB
DEBAC   DCEBA   DCBEA   DEBCA   DAEBC   DAECB   DEACB   DEBCA
ECDBA   EDACB   EDABC   ECABD   EDACB   EDBAC   EADBC   EDACB
```

```
ABCDE   ABCDE   ABCDE   ABCDE   ABCDE   ABCDE   ABCDE   ABCDE
BCDEA   BCAED   BCAED   BDECA   BDAEC   BDECA   BDAEC   BDEAC
CAEDB   CEDAB   CDEBA   CABED   CEDBA   CADEB   CEDBA   CEDBA
DEACB   DAEBC   DEBAC   DEACB   DCEAB   DEABC   DAECB   DCAEB
EDBAC   EDBCA   EADCB   ECDAB   EABCD   ECBAD   ECBAD   EABCD
```

```
ABCDE   ABCDE   ABCDE   ABCDE   ABCDE   ABCDE   ABCDE   ABCDE
BDAEC   BDEAC   BEDAC   BEDAC   BEACD   BEDCA   BEDCA   BEACD
CEBAD   CEABD   CABED   CAEDB   CDEBA   CAEBD   CDEAB   CDBEA
DAECB   DCBEA   DCEBA   DCAEB   DABEC   DCAEB   DABEC   DCEAB
ECDBA   EADCB   EDACB   EDBCA   ECDAB   EDBAC   ECABD   EADBC
```

部分 6×6 标准方

```
ABCDEF   ABCDEF   ABCDEF   ABCDEF   ABCDEF
BCFADE   BCFEAD   BAFECD   BAEFCD   BAECFD
CFBEAD   CFBADE   CFBADE   CFBADE   CFBADE
DEABFC   DEABFC   DCEBFA   DEABFC   DEFBCA
EADFCB   EADFCB   EDAFBC   EDFCBA   EDAFBC
FDECBA   FDECBA   FEDCAB   FCDEAB   FCDEAB
```

```
ABCDEF   ABCDEF   ABCDEF   ABCDEF   ABCDEF
BAFECD   BCDEFA   BAEFCD   BAEFCD   BCFADE
CFBADE   CEAFBD   CFAEDB   CFABDE   CFBEAD
DEABFC   DFBACE   DCBAFE   DEBAFC   DAEBFC
ECDFBA   EDFBAC   EDFCBA   EDFCBA   EDAFCB
FDECAB   FAECDB   FEDBAC   FCDEAB   FEDCBA
```

部分 7×7 标准方

```
ABCDEFG   ABCDEFG   ABCDEFG   ABCDEFG
BEAGFDC   BEAGFDC   BFEGCAD   BCDEFGA
CFGBDAE   CFGBDAE   CDAEBGF   CDEFGAB
DGEFCBA   DGEFBCA   DCGAFEB   DEFGABC
EDBCAGF   EDBCAGF   EGBAFDC   EFGABCD
FCDAGEB   FCDAGEB   FADCGBE   FGABCDE
GAFEBCD   GAFECBD   GEFBDCA   GABCDEF
```

8×8 至 12×12 标准方举例

ABCDEFGH	ABCDEFGHI	ABCDEFGHIJ	ABCDEFGHIJK	ABCDEFGHIJKL
BCAEFDHG	BCEGDIFAH	BGAEHCFIJD	BAJIDCFKHGE	BLGCDJKEHAFI
CADGHEFB	CDFAHGIEB	CHJGFBEADI	CKHABIJFDEG	CKABFLIDGHJE
DFGCAHBE	DHABFECIG	DAGIJECBFH	DCGJIKEBFAH	DEIALFCGJBHK
EHBFGCAD	EGBICHDFA	EFHJIGADBC	EJBGKHDCAIF	EDFGJKALCIBH
FDHABGEC	FIHEBDAGC	FEBCDIJGHA	FEICGAKJBHD	FHKEGCDBALIJ
GEFHCBDA	GFICABHDE	GIFBADHJCE	GFDBHJAIEKC	GIDFKHJALCEB
HGEBDACF	HEGFIABCD	HCIFGJDEAB	HIKFADBEGCI	HELJCABIKDGF
	IADHGCEBF	IJDACHBFEG	IDEHJBCGKFA	IJBLHGFKDEAC
		JDEHBAICGF	JGAKFEHDCBI	JCEKAIHFBGLD
			KHFECGIAJDB	KGJHIBLCEFDA
				LAHIBDEJFKCG

参 考 文 献

［1］周家春 . 食品感官分析［M］. 北京：中国轻工业出版社，2013.

［2］沈明浩，谢主兰 . 食品感官评定［M］. 郑州：郑州大学出版社，2017

［3］王永华，吴青 . 食品感官评定［M］. 北京：中国轻工业出版社，2018.

［4］史波林，赵镭，汪厚银，等 . 感官分析评价小组及成员表现评估技术动态分析［J］. 食品科学，2014，35（8）：29-35.

［5］刘文，赵镭，汪厚银 . 食品感官分析实验室建设标准化要素及基本要求研究［J］. 世界标准化与质量管理，2008（1）：15-18.